高等职业教育"互联网+"新形态一体化教材

机械制图与计算机绘图习题集

第 2 版

主　编　陈秋霞　郭　君　芦萤萤
副主编　刘秀霞　王霄琳　马长辉
参　编　王泽琪　郝　源　徐善瑞
　　　　高占华　杨光芒

机械工业出版社

本书根据高等职业院校"机械制图"教学大纲，以及制图员国家职业标准对制图基础理论的要求编写而成。本书主要内容包括制图的基本知识与基本技能、投影基础、基本几何体及其表面交线、组合体、轴测图、机械图样的表达方法、标准件与常用件、零件图、装配图、计算机绘图。本书为《机械制图与计算机绘图 第2版》的配套教材。

本书可作为高等职业院校机械类各专业的教材，也可作为1+X等级证书培训教材。

为方便教学，本书配有PPT课件及习题答案，凡购买本书作为授课教材的教师可登录机械工业出版社教育服务网 www.cmpedu.com 注册并免费下载。

图书在版编目（CIP）数据

机械制图与计算机绘图习题集/陈秋霞，郭君，芦莹莹主编. —2版. —北京：机械工业出版社，2024.4

高等职业教育"互联网+"新形态一体化教材

ISBN 978-7-111-75735-1

Ⅰ.①机⋯ Ⅱ.①陈⋯ ②郭⋯ ③芦⋯ Ⅲ.①机械制图-高等职业教育-习题集②计算机制图-高等职业教育-习题集 Ⅳ.①TH126-44

中国国家版本馆CIP数据核字（2024）第090635号

机械工业出版社（北京市百万庄大街22号　邮政编码100037）
策划编辑：赵红梅　　　　　　责任编辑：赵红梅　章承林
责任校对：宋　安　李　婷　　封面设计：张　静
责任印制：单爱军
北京虎彩文化传播有限公司印刷
2024年8月第2版第1次印刷
210mm×285mm・15印张・443千字
标准书号：ISBN 978-7-111-75735-1
定价：47.00元

电话服务　　　　　　　　　　网络服务
客服电话：010-88361066　　　机　工　官　网：www.cmpbook.com
　　　　　010-88379833　　　机　工　官　博：weibo.com/cmp1952
　　　　　010-68326294　　　金　书　网：www.golden-book.com
封底无防伪标均为盗版　　　机工教育服务网：www.cmpedu.com

前　言

随着科技的进步和制造业的发展，越来越多的新技术不断涌现。因此，行业的发展需要大量的人才支撑。党的二十大报告指出"科技是第一生产力、人才是第一资源、创新是第一动力"，并明确地把"大国工匠"和"高技能人才"作为人才强国战略的重要组成部分，这对未来从业人员的职业素养、知识素养和技能素养等有了更高的要求。

中共中央办公厅、国务院办公厅印发的《关于深化现代职业教育体系建设改革的意见》是党的二十大后，党中央、国务院部署教育改革工作的首个指导性文件，提出要优先在现代制造业、现代服务业、现代农业等专业领域，打造一批优质教材。基于此，我们做了多方面的调研，并邀请相关职业教育专家做指导，进行了此次修订。

本书是与赵金凤、郭君、王霄琳主编的《机械制图与计算机绘图　第2版》配套使用的工作页式教材，是以任务展开的，强调学生主动参与、教师指导引领，实现教、学、做一体化的教学模式，通过课程活动的设计，注重学生应用能力和实践能力的培养，体现了高等职业教育理实一体化课程的特色。

本书的主要特点如下：

(1) 每一个任务包含四个学习活动："接受任务，课前自主预习"→"任务实施，完成任务"→"实战演练，提高绘图技能"→"检查评价，进行自我总结"。本书结构形式新颖，将课前、课中、课后学习有机结合起来，符合学生的学习和认知规律，特点显著。对学生在各个学习活动中的表现，在评价环节从学习效果和综合素质等各方面进行自评、小组互评和教师总评。

(2) 通过四个学习活动，培养学生发现问题、解决问题、团结协作的能力；培养学生一丝不苟、精益求精的工匠精神；培养学生爱岗敬业、勤俭节约、有责任担当的职业素养，为学生参加工作后尽快融入集体、适应工作岗位做好充分准备。

(3) 本书提供参考答案与评分标准，可作为学生进行自评、互评时的依据。

本书共十个模块，由德州职业技术学院陈秋霞、郭君、芦萤萤任主编，由德州职业技术学院刘秀霞、王霄琳、马长辉任副主编。具体编写分工如下：郭君编写模块一、模块二，陈秋霞编写模块三、模块四，芦萤萤编写模块五、模块六，刘秀霞、王霄琳编写模块七，马长辉、德州职业技术学院王泽琪编写模块八，德州职业技术学院郝源、东营职业学院高占华编写模块九，德州职业技术学院徐善瑞编写模块十。山东格瑞德集团有限公司高级工程师杨光芒提供企业案例，并对书中的案例进行了审核。

在本书编写过程中，编者参考、引用了国内外出版的相关资料以及网络资源，在此向相关作者一并表示衷心的感谢！

由于编者水平有限，书中不妥之处在所难免，恳请读者批评指正。

编　者

目　录

前言
模块一　制图的基本知识与基本技能 …………… 1
项目一　机械制图标准 …………………… 1
　　任务一　绘制支承座平面图 …………… 1
　　任务二　标注轴承座平面图形的尺寸 …… 5
　　任务三　绘制台阶轴平面图 …………… 10
项目二　绘制较复杂的平面图形 …………… 13
　　任务一　绘制六角开槽螺母平面图 …… 13
　　任务二　绘制拉楔平面图 ……………… 17
　　任务三　绘制支架平面图 ……………… 21
　　任务四　绘制吊钩平面图 ……………… 25
模块二　投影基础 ………………………… 28
项目一　绘制简单形体的三视图 …………… 28
　　任务　绘制三棒孔明锁部件的三视图 … 28
项目二　绘制点、直线、平面的投影 ……… 35
　　任务一　根据立体图作点的三面投影 … 35
　　任务二　绘制直线的三面投影 ………… 39
　　任务三　绘制平面的三面投影 ………… 43
模块三　基本几何体及其表面交线 ……… 47
项目一　绘制基本几何体的三视图 ………… 47
　　任务一　绘制玩具小屋模型的三视图 … 47
　　任务二　绘制玩具粮仓模型的三视图 … 51
项目二　绘制截交线的投影 ………………… 55
　　任务一　绘制钢轨斜接头的三视图 …… 55
　　任务二　绘制顶尖头部的三视图 ……… 59
项目三　绘制回转体相贯线的投影 ………… 65
　　任务　绘制异径三通管的三视图 ……… 65
模块四　组合体 …………………………… 69
项目一　绘制组合体的三视图 ……………… 69
　　任务　绘制轴承座的三视图 …………… 69
项目二　组合体的尺寸标注 ………………… 77
　　任务　标注支座的尺寸 ………………… 77
项目三　读组合体三视图 …………………… 82
　　任务　读轴承座的三视图 ……………… 82

模块五　轴测图 …………………………… 92
项目一　绘制正等轴测图 …………………… 92
　　任务　绘制支座的正等轴测图 ………… 92
项目二　绘制斜二等轴测图 ………………… 98
　　任务　绘制形体的斜二等轴测图 ……… 98
项目三　绘制轴测草图 ……………………… 101
　　任务　绘制螺栓毛坯的正等轴测图草图 … 101
模块六　机械图样的表达方法 …………… 106
项目一　视图 ………………………………… 106
　　任务　完成压紧杆的视图表达 ………… 106
项目二　绘制剖视图 ………………………… 111
　　任务一　绘制机件的全剖视图 ………… 111
　　任务二　绘制机件的半剖视图 ………… 118
　　任务三　绘制机件的局部剖视图 ……… 122
　　任务四　绘制机件的剖视图 …………… 126
项目三　绘制断面图 ………………………… 132
　　任务　绘制轴的移出断面图 …………… 132
项目四　其他表达方法 ……………………… 136
　　任务　绘制轴的局部放大图 …………… 136
模块七　标准件与常用件 ………………… 141
项目一　绘制螺纹紧固件连接的视图 ……… 141
　　任务　绘制螺栓连接图 ………………… 141
项目二　绘制齿轮的视图 …………………… 148
　　任务　绘制直齿圆柱齿轮的视图 ……… 148
项目三　绘制键、销连接图 ………………… 152
　　任务一　绘制普通平键连接图 ………… 152
　　任务二　绘制销连接图 ………………… 154
项目四　绘制滚动轴承的视图 ……………… 156
　　任务　绘制常用滚动轴承的视图 ……… 156
项目五　绘制弹簧的视图 …………………… 158
　　任务　绘制圆柱螺旋弹簧的视图 ……… 158
模块八　零件图 …………………………… 160
项目一　认识零件图 ………………………… 160
　　任务一　认识齿轮轴零件图 …………… 160
　　任务二　轴承座零件图的视图选择 …… 163

任务三　轴承座零件图的尺寸标注 …………… 167
项目二　零件图中的技术要求 ………………… 170
　　任务一　在零件图上标注表面结构要求 ……… 170
　　任务二　在零件图上标注尺寸公差 …………… 174
　　任务三　在零件图上标注几何公差 …………… 178
项目三　识读零件图 …………………………… 182
　　任务　识读泵体零件图 ……………………… 182
项目四　零件测绘 ……………………………… 189
　　任务　端盖的测绘 …………………………… 189

模块九　装配图 …………………………… 194
项目一　识读装配图 …………………………… 194
　　任务一　识读机用虎钳装配图 ………………… 194
　　任务二　根据装配图拆画钳座零件图 ………… 199
项目二　绘制装配图 …………………………… 202
　　任务　绘制滑动轴承装配图 ………………… 202

模块十　计算机绘图 ……………………… 206
项目一　用 AutoCAD 绘制平面图形 …………… 206
　　任务一　用 AutoCAD 绘制支架平面图 ……… 206
　　任务二　用 AutoCAD 绘制吊钩平面图 ……… 209
　　任务三　用 AutoCAD 绘制平面图形 ………… 212
项目二　用 AutoCAD 绘制组合体三视图 ……… 215
　　任务　用 AutoCAD 绘制支座三视图 ………… 215
项目三　用 AutoCAD 绘制轴测图 ……………… 218
　　任务　用 AutoCAD 绘制支座轴测图 ………… 218
项目四　用 AutoCAD 绘制剖视图 ……………… 221
　　任务　用 AutoCAD 绘制机件的局部剖视图 … 221
项目五　用 AutoCAD 绘制零件图 ……………… 224
　　任务　用 AutoCAD 绘制蜗轮轴零件图 ……… 224
项目六　用 AutoCAD 绘制装配图 ……………… 228
　　任务　用 AutoCAD 绘制滑动轴承装配图 …… 228

模块一　制图的基本知识与基本技能

项目一　机械制图标准

任务一　绘制支承座平面图

图 1-1 所示为支承座的立体图和投影图，试绘制这一平面图形，要求符合制图国家标准中图线及应用的有关规定。

a)
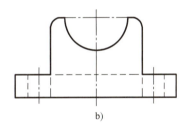
b)

图 1-1　支承座

活动一　接受任务，课前自主预习

请课前认真阅读教材，查阅相关书籍，通过个人学习、小组讨论，运用信息查找等方法，完成以下任务。（每题 10 分，共 20 分）

1. 请描述该平面图形由哪几种图线组合而成。

2. 请分别说明粗实线、细实线、细虚线、细点画线的主要用途。

预习结束，完成测试任务。

填空题（每空 1 分，共 20 分）

1. 在机械图样中，中心线采用的线型是_____；可见轮廓线采用的线型是_____；不可见轮廓线采用的线型是_____；断裂处边界线采用的线型是_____或_____。

2. 国家标准《机械制图　图样画法　图线》（GB/T 4457.4—2002）规定的粗、细两种线宽的比例为_____。

3. 当细点画线较短时（如小圆直径小于 8mm），允许用_____代替细点画线。

4. 细虚线、细点画线、细双点画线与其他图线相交时都应以_____相交。

5. 线型不同的图线相互重叠时，一般按照_____、_____、_____、细双点画线、细实线的顺序进行绘制。

6. _____是用来固定图纸并进行绘图的。

7. 丁字尺由_____和_____组成。

8. 一副三角板由_____和_____两块直角三角板组成。

9. _____是画圆或圆弧的工具；_____是用来截取线段和等分直线或圆周，以及量取尺寸的工具。

10. 绘图铅笔的铅芯有软硬之分，_____表示硬铅芯，_____表示软铅芯。

活动二　任务实施，完成任务

根据任务要求，完成支承座平面图形的绘制。（10 分）

活动三 实战演练,提高绘图技能

1. 在指定位置照样画出图线和图形。(20分)

2. 完成下列图形中对称的各种图线。(20分)

活动四　检查评价，进行自我总结

请你根据任务完成情况，进行自评、小组互评，取长补短，查找不足，完成任务总结。教师根据成绩，进行点评。

评 分 标 准

过程考核	项目名称	考核内容与要求		配分	得分		
					自评	小组互评	教师总评
课前学习 （40分）	自主预习	完成任务，并回答正确		20			
	测试任务	完成测试，并回答正确		20			
课中学习 （10分）	任务实施	图形完整、正确		5			
		图线使用符合制图国家标准		3			
		图样干净、整洁		2			
课后学习 （40分）	实战演练	图形完整、正确；图线使用符合制图国家标准；图样干净、整洁	练习1	20			
			练习2	20			
综合素质 （10分）	考勤	按时上课，不迟到、不早退		4			
	自主学习	线下、线上自主学习，分析解决问题的能力		2			
	工匠精神	敬业、精益、专注、创新等方面的工匠精神		2			
	职业道德	认真负责、踏实敬业的工作态度和严谨求实、一丝不苟的工作作风		2			
合计				100			
总分（自评占比20%，小组互评占比30%，教师评价占比50%）							

任务总结：

1. 掌握了哪些知识与技能：＿＿＿＿＿＿＿＿＿＿＿＿＿＿＿＿＿＿＿＿＿＿＿＿＿＿
＿＿＿＿＿＿＿＿＿＿＿＿＿＿＿＿＿＿＿＿＿＿＿＿＿＿＿＿＿＿＿＿＿＿＿＿＿

2. 心得体会及经验教训：＿＿＿＿＿＿＿＿＿＿＿＿＿＿＿＿＿＿＿＿＿＿＿＿＿＿＿
＿＿＿＿＿＿＿＿＿＿＿＿＿＿＿＿＿＿＿＿＿＿＿＿＿＿＿＿＿＿＿＿＿＿＿＿＿

3. 其他收获：＿＿＿＿＿＿＿＿＿＿＿＿＿＿＿＿＿＿＿＿＿＿＿＿＿＿＿＿＿＿＿＿
＿＿＿＿＿＿＿＿＿＿＿＿＿＿＿＿＿＿＿＿＿＿＿＿＿＿＿＿＿＿＿＿＿＿＿＿＿

4. 任务未完成，未完成的原因：＿＿＿＿＿＿＿＿＿＿＿＿＿＿＿＿＿＿＿＿＿＿＿＿
＿＿＿＿＿＿＿＿＿＿＿＿＿＿＿＿＿＿＿＿＿＿＿＿＿＿＿＿＿＿＿＿＿＿＿＿＿

教师点评：

任务二 标注轴承座平面图形的尺寸

标注图 1-2b 所示某企业生产的轴承座平面图形的尺寸,要求符合制图国家标准中尺寸标注的有关规定。

a)

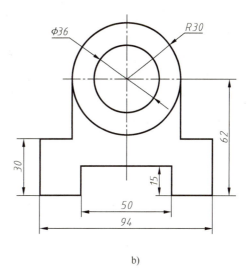
b)

图 1-2 轴承座立体图和平面图形的尺寸标注

活动一 接受任务,课前自主预习

请课前认真阅读教材,查阅相关书籍,通过个人学习、小组讨论,运用信息查找等方法,完成以下任务。(每题 10 分,共 20 分)

1. 请简要说明标注尺寸的基本规则。

_____
_____
_____
_____
_____
_____
_____

2. 请说明一个完整的尺寸标注由哪几部分组成。

_____
_____
_____
_____
_____
_____

预习结束，完成测试任务。

一、填空题（每空1分，共10分）

1. 尺寸要素中不能用其他图线代替，也不得与其他图线重合的是_____。

2. 图样中的尺寸一般以_____为单位时，不需标注其计量单位符号，若采用其他计量单位时必须标明。

3. 图样中所标注的尺寸，为该图样所示机件的_____，否则应另加说明。

4. 绘制尺寸线和尺寸界线的线型是_____。

5. 注写线性尺寸数字时，尺寸线为水平方向时，尺寸数字规定由左向右书写，字头朝_____；尺寸线为竖直方向时，尺寸数字由下向上书写，字头朝_____。

6. 角度尺寸数字的方向是_____。

7. 标注圆弧时，大于半圆的圆弧标注_____，小于或等于半圆的圆弧标注_____。

8. 汉字应写成_____字，并应采用国家正式公布的简化字。

二、选择题（每题2分，共10分）

1. 机件的真实大小应以图样上的（　　）为依据，与图形的大小及绘图的准确度无关。
   A. 所注尺寸数值　　　　　　B. 所标绘图比例和图样尺寸
   C. 图样的实际测量尺寸　　　D. 以上答案都不对

2. 表示孔在圆周上均匀分布的缩写词为（　　）。
   A. ECS　　　　B. QSE　　　　C. EQS　　　　D. $S\phi$

3. 表示45°倒角的缩写词为（　　）。
   A. 倒角　　　　B. C　　　　C. t　　　　D. R

4. 制图国家标准规定，字体的号数即是字体的（　　）。
   A. 高度　　　　B. 宽度　　　　C. 高度和宽度的比值　　　D. 宽度和高度的比值

5. 对称图形，应把尺寸标注为（　　）分布。
   A. 平均　　　　B. 靠左　　　　C. 靠右　　　　D. 对称

 活动二　任务实施，完成任务

根据任务要求，抄画轴承平面图形并标注尺寸。（10分）

活动三　实战演练，提高绘图技能

1. 线性尺寸（数值从图中量取，取整数）。（每题6分，共12分）

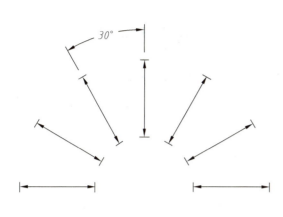
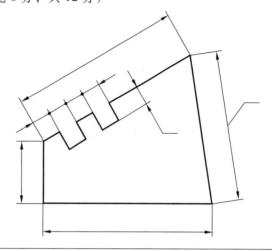

2. 圆的直径（数值从图中量取，取整数）。（4分）

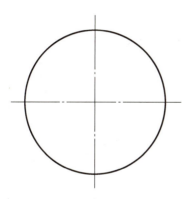
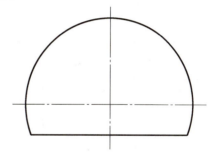
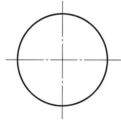

3. 圆弧半径（数值从图中量取，取整数）。（4分）

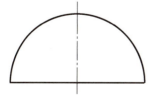

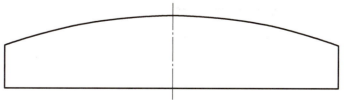

4. 角度尺寸和小尺寸（数值从图中量取，取整数）。（每题 4 分，共 8 分）

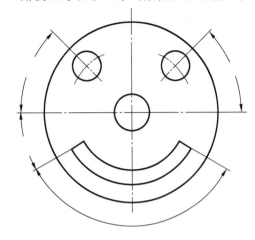
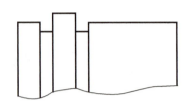

5. 找出图中尺寸标注的错误之处，在图中正确标注尺寸。（每题 6 分，共 12 分）

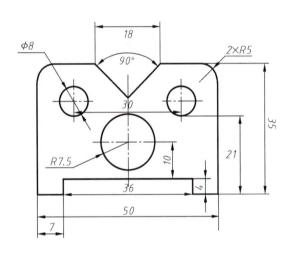
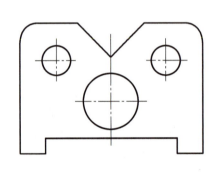

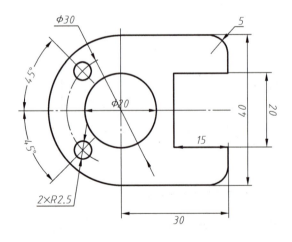
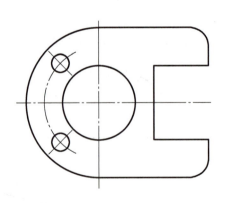

活动四　检查评价，进行自我总结

请你根据任务完成情况，进行自评、小组互评，取长补短，查找不足，完成任务总结。教师根据成绩，进行点评。

评 分 标 准

过程考核	项目名称	考核内容与要求		配分	得分		
					自评	小组互评	教师总评
课前学习 (40分)	自主预习	完成任务，并回答正确		20			
	测试任务	完成测试，并回答正确		20			
课中学习 (10分)	任务实施	图形完整、正确，图线使用符合制图国家标准		2			
		尺寸标注正确合理		6			
		图样干净、整洁		2			
课后学习 (40分)	实战演练	尺寸标注正确合理；尺寸界线、尺寸线的线型使用符合制图国家标准；尺寸数字书写工整	练习1	12			
			练习2	4			
			练习3	4			
			练习4	8			
			练习5	12			
综合素质 (10分)	考勤	按时上课，不迟到、不早退		4			
	自主学习	线下、线上自主学习，分析解决问题的能力		2			
	工匠精神	敬业、精益、专注、创新等方面的工匠精神		2			
	职业道德	认真负责、踏实敬业的工作态度和严谨求实、一丝不苟的工作作风		2			
合计				100			
总分（自评占比20%，小组互评占比30%，教师评价占比50%）							

任务总结：

1. 掌握了哪些知识与技能：

2. 心得体会及经验教训：

3. 其他收获：

4. 任务未完成，未完成的原因：

教师点评：

任务三 绘制台阶轴平面图

根据某企业生产的小台阶轴，采用合适的比例绘制图 1-3b 所示台阶轴的平面图形，并标注尺寸。要求符合制图国家标准中关于比例和线性尺寸、角度尺寸标注的有关规定。

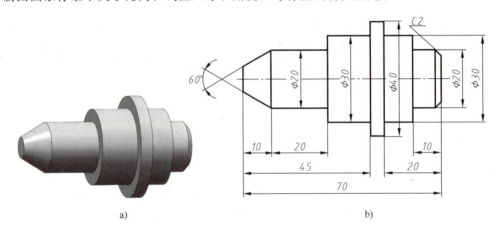

图 1-3 台阶轴立体图和平面图

活动一 接受任务，课前自主预习

请课前认真阅读教材，查阅相关书籍，通过个人学习、小组讨论，运用信息查找等方法，完成以下任务。（每题 10 分，共 20 分）

1. 请简要说明什么是比例？

_____

_____

2. 请分别说明什么是原值比例、放大比例和缩小比例，并举例说明。

_____

_____

_____

预习结束，完成测试任务。

选择题（每题 2 分，共 10 分）

1. 下面关于图样的比例叙述正确的是（　　）。

　A. 1∶2 是缩小的比例　　　　　　　　　　B. 1∶2 是放大的比例

　C. 绘制图样时的比例可以是任意值　　　　D. 计算机软件绘制的图样比例可以是任意值

2. 为了从图样上直接反映实物的大小，绘图时应优先选用（　　）比例。

　A. 放大　　　　　B. 缩小　　　　　C. 原值　　　　　D. 都可以

3. 比例 2∶1 表示（　　）。

　A. 放大 2 倍　　　B. 缩小一半　　　C. 优先选用　　　D. 尽量不用

4. 图样中所标注的尺寸数值必须是实物的（　　），与绘制图形所采用的比例无关。

　A. 实际大小　　　B. 放大尺寸　　　C. 缩小尺寸　　　D. 任意尺寸

5. 采用放大比例绘制图样时，（　　）按原数值绘制。

　A. 线性尺寸　　　B. 圆的直径　　　C. 圆弧半径　　　D. 角度尺寸

活动二　任务实施，完成任务

根据任务要求，可采用 2∶1 的比例作图。（20 分）

 活动三　实战演练，提高绘图技能

按 1∶2 的比例在指定位置画出图形，并标注尺寸。（40 分）

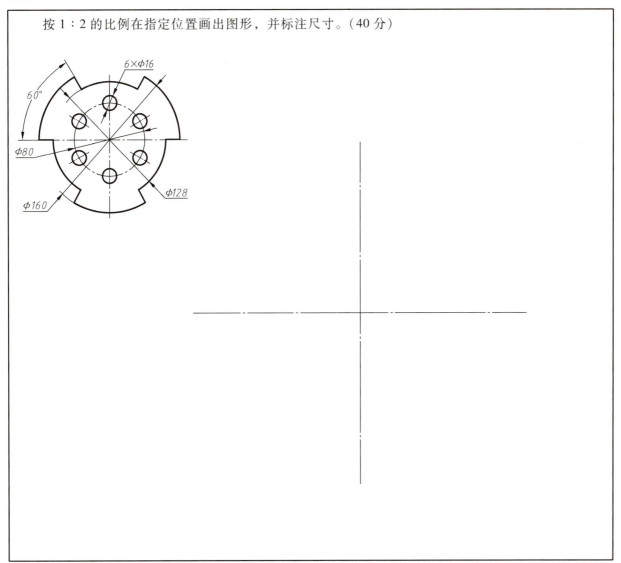

活动四　检查评价，进行自我总结

请你根据任务完成情况，进行自评、小组互评，取长补短，查找不足，完成任务总结。教师根据成绩，进行点评。

评 分 标 准

过程考核	项目名称	考核内容与要求	配分	得分		
				自评	小组互评	教师总评
课前学习 （30分）	自主预习	完成任务，并回答正确	20			
	测试任务	完成测试，并回答正确	10			
课中学习 （20分）	任务实施	图形完整、正确，图线使用符合制图国家标准	10			
		尺寸标注正确合理	8			
		图样干净、整洁	2			
课后学习 （40分）	实战演练	图形完整、正确，图线使用符合制图国家标准	25			
		尺寸标注正确合理	10			
		图样干净、整洁	5			
综合素质 （10分）	考勤	按时上课，不迟到、不早退	4			
	自主学习	线下、线上自主学习，分析解决问题的能力	2			
	工匠精神	敬业、精益、专注、创新等方面的工匠精神	2			
	职业道德	认真负责、踏实敬业的工作态度和严谨求实、一丝不苟的工作作风	2			
合计			100			
总分（自评占比20%，小组互评占比30%，教师评价占比50%）						

任务总结：

1. 掌握了哪些知识与技能：

2. 心得体会及经验教训：

3. 其他收获：

4. 任务未完成，未完成的原因：

教师点评：

项目二 绘制较复杂的平面图形

任务一 绘制六角开槽螺母平面图

根据某企业生产的六角开槽螺母,绘制如图 1-4b 所示的平面图形,要求符合制图国家标准的有关规定。

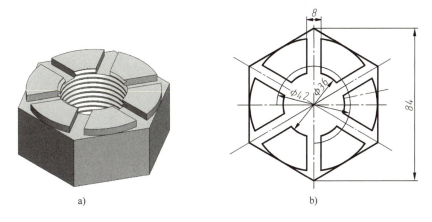

图 1-4 六角开槽螺母

活动一 接受任务,课前自主预习

请课前认真阅读教材,查阅相关书籍,通过个人学习、小组讨论,运用信息查找等方法,完成以下任务。(每题 10 分,共 20 分)

1. 将线段 AB 五等分。

2. 绘制圆内接正六边形。

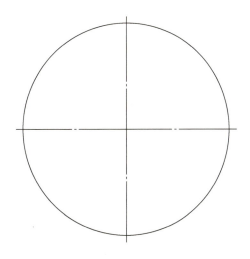

预习结束，完成测试任务。
绘制圆内接正五角星。（10分）

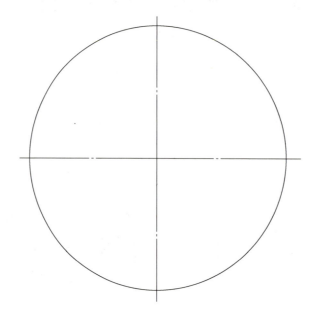

✏️ 活动二　任务实施，完成任务

根据任务要求，完成六角开槽螺母平面图形的绘制，并标注尺寸。（20分）

活动三 实战演练，提高绘图技能

1. 在指定位置按 1∶1 比例画出正六边形。（每题 10 分，共 20 分）

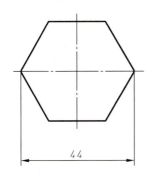

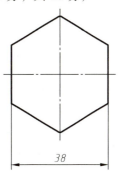

2. 在指定位置绘制圆内接正七边形。（20 分）

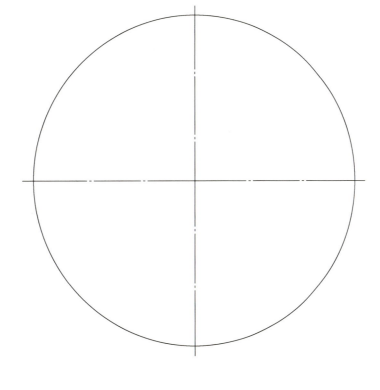

活动三 实战演练，提高绘图技能

活动四　检查评价，进行自我总结

请你根据任务完成情况，进行自评、小组互评，取长补短，查找不足，完成任务总结。教师根据成绩，进行点评。

评 分 标 准

过程考核	项目名称	考核内容与要求		配分	得分		
					自评	小组互评	教师总评
课前学习（30分）	自主预习	完成任务，并回答正确		20			
	测试任务	完成测试，并回答正确		10			
课中学习（20分）	任务实施	图形完整、正确		10			
		图线使用符合制图国家标准		6			
		图样干净、整洁		4			
课后学习（40分）	实战演练	图形完整、正确；图线使用符合制图国家标准；图样干净、整洁	练习1	20			
			练习2	20			
综合素质（10分）	考勤	按时上课，不迟到、不早退		4			
	自主学习	线下、线上自主学习，分析解决问题的能力		2			
	工匠精神	敬业、精益、专注、创新等方面的工匠精神		2			
	职业道德	认真负责、踏实敬业的工作态度和严谨求实、一丝不苟的工作作风		2			
		合计		100			
	总分（自评占比20%，小组互评占比30%，教师评价占比50%）						

任务总结：

1. 掌握了哪些知识与技能：＿＿＿＿＿＿＿＿＿＿＿＿＿＿＿＿＿＿＿＿＿＿＿＿＿＿＿＿＿＿＿＿
＿＿

2. 心得体会及经验教训：＿＿＿＿＿＿＿＿＿＿＿＿＿＿＿＿＿＿＿＿＿＿＿＿＿＿＿＿＿＿＿＿
＿＿

3. 其他收获：＿＿＿＿＿＿＿＿＿＿＿＿＿＿＿＿＿＿＿＿＿＿＿＿＿＿＿＿＿＿＿＿＿＿＿＿＿
＿＿

4. 任务未完成，未完成的原因：＿＿＿＿＿＿＿＿＿＿＿＿＿＿＿＿＿＿＿＿＿＿＿＿＿＿＿＿
＿＿

教师点评：

任务二　绘制拉楔平面图

根据某企业生产的拉楔，绘制图 1-5b 所示的平面图形，要求符合制图国家标准的有关规定。

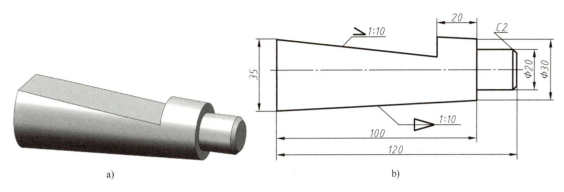

图 1-5　拉楔

 活动一　接受任务，课前自主预习

请课前认真阅读教材，查阅相关书籍，通过个人学习、小组讨论，运用信息查找等方法，完成以下任务。（每题 10 分，共 20 分）

1. 请简要说明什么是斜度，并说明绘制斜度符号时应注意的问题。

_____

_____

_____

_____

_____

2. 请简要说明什么是锥度，并说明绘制锥度符号时应注意的问题。

_____

_____

_____

_____

_____

预习结束，完成测试任务。（每题 5 分，共 10 分）

1. 参照给定的示意图，作带有 1∶5 斜度的图形。

2. 参照给定的示意图，作带有 1∶4 锥度的图形。

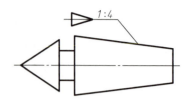

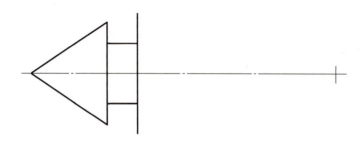

活动二　任务实施，完成任务

根据任务要求，按 1∶1 比例完成拉楔平面图形的绘制，并标注尺寸。（20 分）

活动三　实战演练，提高绘图技能

1. 按照1∶1的比例绘制下列图形，并标注尺寸。（20分）

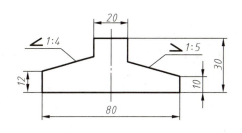

2. 按照1∶1的比例绘制下列图形，并标注尺寸。（20分）

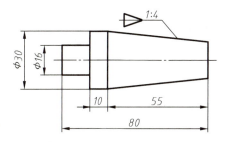

活动四　检查评价，进行自我总结

请你根据任务完成情况，进行自评、小组互评，取长补短，查找不足，完成任务总结。教师根据成绩，进行点评。

评 分 标 准

过程考核	项目名称	考核内容与要求		配分	得分		
					自评	小组互评	教师总评
课前学习（30分）	自主预习	完成任务，并回答正确		20			
	测试任务	完成测试，并回答正确		10			
课中学习（20分）	任务实施	图形完整、正确，图线使用符合制图国家标准		10			
		尺寸标注正确合理		8			
		图样干净、整洁		2			
课后学习（40分）	实战演练	图形完整、正确，图线使用符合制图国家标准；尺寸标注正确合理；图样干净、整洁	练习1	20			
			练习2	20			
综合素质（10分）	考勤	按时上课，不迟到、不早退		4			
	自主学习	线下、线上自主学习，分析解决问题的能力		2			
	工匠精神	敬业、精益、专注、创新等方面的工匠精神		2			
	职业道德	认真负责、踏实敬业的工作态度和严谨求实、一丝不苟的工作作风		2			
合计				100			
总分（自评占比20%，小组互评占比30%，教师评价占比50%）							

任务总结：

1. 掌握了哪些知识与技能：

2. 心得体会及经验教训：

3. 其他收获：

4. 任务未完成，未完成的原因：

教师点评：

任务三　绘制支架平面图

根据某企业生产的支架，绘制图 1-6b 所示支架轮廓的平面图形，要求符合制图国家标准的有关规定。

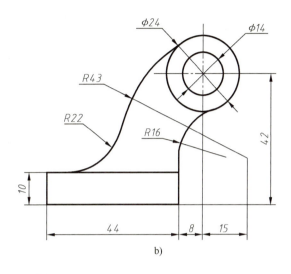

图 1-6　支架

活动一　接受任务，课前自主预习

请课前认真阅读教材，查阅相关书籍，通过个人学习、小组讨论，运用信息查找等方法，完成以下任务。（每题 5 分，共 20 分）

1. 请简要说明尺寸按其作用可分为哪两类。

2. 请对支架平面图形进行尺寸分析，简要说明哪些尺寸为定形尺寸，哪些尺寸为定位尺寸。

3. 请根据平面图形的尺寸标注和线段间的连接关系，简要说明平面图形中的线段分为哪三类。

4. 请简要说明平面图形的绘图顺序。

预习结束，完成测试任务。

参照图例用给定尺寸作圆弧连接。（10分）

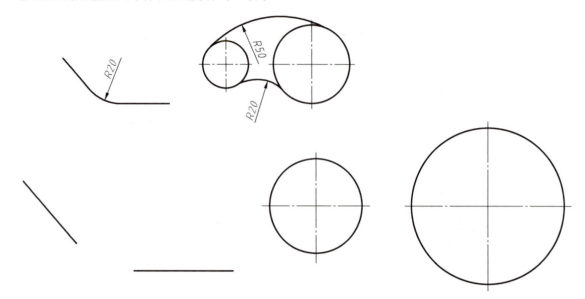

活动二　任务实施，完成任务

根据任务要求，按 2∶1 比例完成支架轮廓平面图形的绘制，并标注尺寸。（20分）

活动三 实战演练，提高绘图技能

1. 按照图中标注尺寸完成下列图形的线段连接。（10分）

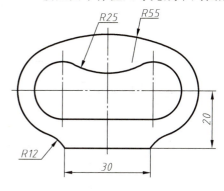
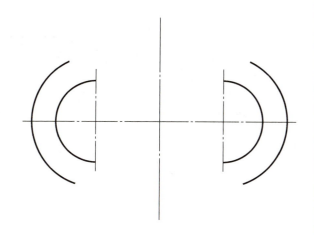

2. 按1∶1抄画手柄平面图，并标注尺寸。（30分）

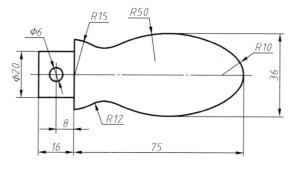

活动四　检查评价，进行自我总结

请你根据任务完成情况，进行自评、小组互评，取长补短，查找不足，完成任务总结。教师根据成绩，进行点评。

评 分 标 准

过程考核	项目名称	考核内容与要求		配分	得分		
					自评	小组互评	教师总评
课前学习 （30分）	自主预习	完成任务，并回答正确		20			
	测试任务	完成测试，并回答正确		10			
课中学习 （20分）	任务实施	图形完整、正确，图线使用符合制图国家标准		10			
		尺寸标注正确合理		8			
		图样干净、整洁		2			
课后学习 （40分）	实战演练	图形完整、正确，图线使用符合制图国家标准；尺寸标注正确合理；图样干净、整洁	练习1	10			
			练习2	30			
综合素质 （10分）	考勤	按时上课，不迟到、不早退		4			
	自主学习	线下、线上自主学习，分析解决问题的能力		2			
	工匠精神	敬业、精益、专注、创新等方面的工匠精神		2			
	职业道德	认真负责、踏实敬业的工作态度和严谨求实、一丝不苟的工作作风		2			
合计				100			
总分（自评占比20%，小组互评占比30%，教师评价占比50%）							

任务总结：

1. 掌握了哪些知识与技能：_____

2. 心得体会及经验教训：_____

3. 其他收获：_____

4. 任务未完成，未完成的原因：_____

教师点评：

任务四　绘制吊钩平面图

在 A4 图纸上绘制图 1-7 所示的吊钩平面图形，要求符合制图国家标准的有关规定。

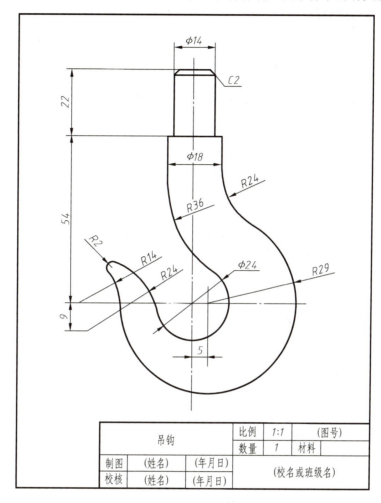

图 1-7　吊钩平面图形

✏ 活动一　接受任务，课前自主预习

请课前认真阅读教材，查阅相关书籍，通过个人学习、小组讨论，运用信息查找等方法，完成以下任务。（每题 10 分，共 20 分）

1. 请简要说明一张完整的图样由哪几部分组成。

2. 请简要说明国家规定的图纸幅面有哪几种。

预习结束，完成测试任务。

填空题（每空1分，共5分）

1. 根据国家标准规定，图框用_____绘制。图框按格式分为_____和_____两种。

2. 标题栏的位置应位于图样的_____，标题栏中的文字方向通常与_____的方向保持一致。

活动二　任务实施，完成任务

根据任务要求，在A4图纸上按1:1比例完成吊钩平面图形的绘制。（25分）

活动三　实战演练，提高绘图技能

在A4图纸上，按照1:1的比例绘制交换齿轮架平面图形，并标注尺寸。（40分）

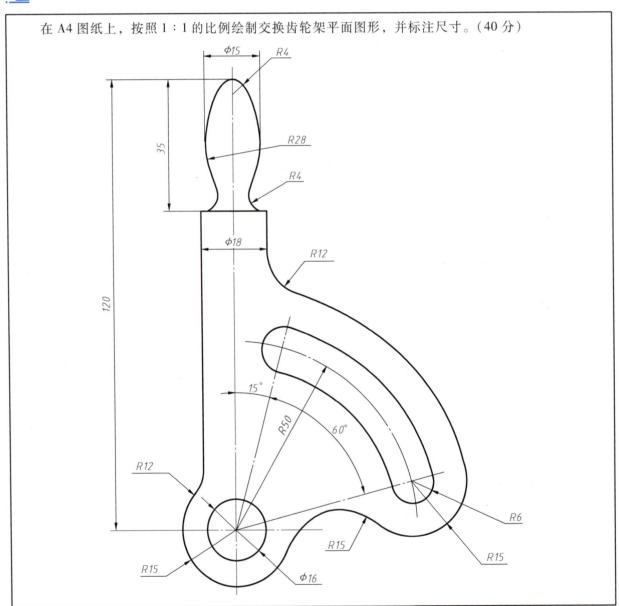

活动四　检查评价，进行自我总结

请你根据任务完成情况，进行自评、小组互评，取长补短，查找不足，完成任务总结。教师根据成绩，进行点评。

评 分 标 准

过程考核	项目名称	考核内容与要求	配分	得分		
				自评	小组互评	教师总评
课前学习（25分）	自主预习	完成任务，并回答正确	20			
	测试任务	完成测试，并回答正确	5			
课中学习（25分）	任务实施	图形完整、正确，图线使用符合制图国家标准	10			
		尺寸标注正确合理	10			
		图样干净、整洁	5			
课后学习（40分）	实战演练	图形完整、正确，图线使用符合制图国家标准	25			
		尺寸标注正确合理	10			
		图样干净、整洁	5			
综合素质（10分）	考勤	按时上课，不迟到、不早退	4			
	自主学习	线下、线上自主学习，分析解决问题的能力	2			
	工匠精神	敬业、精益、专注、创新等方面的工匠精神	2			
	职业道德	认真负责、踏实敬业的工作态度和严谨求实、一丝不苟的工作作风	2			
合计			100			
总分（自评占比20%，小组互评占比30%，教师评价占比50%）						

任务总结：

1. 掌握了哪些知识与技能：

2. 心得体会及经验教训：

3. 其他收获：

4. 任务未完成，未完成的原因：

教师点评：

模块二 投影基础

项目一 绘制简单形体的三视图

任务 绘制三棒孔明锁部件的三视图

现有一玩具企业要生产三棒孔明锁,如图 2-1a 所示,需要用图样来准确地表达该孔明锁各部件的形状和大小,如图 2-1b、c、d 所示,绘制各部件的三视图,要求符合制图国家标准的有关规定。

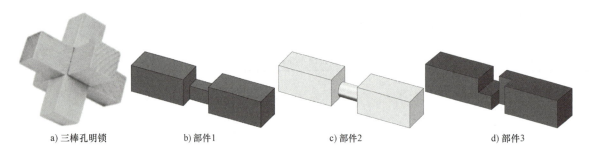

a) 三棒孔明锁　　b) 部件1　　c) 部件2　　d) 部件3

图 2-1 三棒孔明锁及部件立体图

活动一 接受任务,课前自主预习

请课前认真阅读教材,查阅相关书籍,通过个人学习、小组讨论,运用信息查找等方法,完成以下任务。(每题 5 分,共 20 分)

1. 请简要说明正投影法的基本特性。

2. 请简要说明三视图的形成。

3. 简述三视图的投影规律。

4. 简述三视图与物体的方位对应关系。

预习结束，完成测试任务。

选择题（每题 1 分，共 10 分）

1. 工程上描述物体的形状采用的是（　　）。
   A. 中心投影法　　　B. 正投影法　　　C. 斜投影法　　　D. 投影法
2. 正投影的投射线与投影面（　　）。
   A. 倾斜　　　　　　B. 平行　　　　　C. 垂直　　　　　D. 相交
3. 采用正投影法时，如果一平面和投影面平行，其投影成（　　）。
   A. 平面实形　　　　B. 直线　　　　　C. 一点　　　　　D. 类似形
4. 采用正投影法时，如果一直线和投影面垂直，其投影成（　　）。
   A. 平面　　　　　　B. 直线　　　　　C. 一点　　　　　D. 类似形
5. 采用正投影法时，如果一平面和投影面倾斜，其投影成（　　）。
   A. 平面实形　　　　B. 直线　　　　　C. 一点　　　　　D. 类似形
6. 在三视图中，主视图反映物体的（　　）。
   A. 长和宽　　　　　B. 长和高　　　　C. 宽和高　　　　D. 长和宽和高
7. 在三视图中，左视图反映物体的（　　）。
   A. 长和宽　　　　　B. 长和高　　　　C. 宽和高　　　　D. 长和宽和高
8. 在三视图中，俯视图反映物体的（　　）。
   A. 长和宽　　　　　B. 长和高　　　　C. 宽和高　　　　D. 长和宽和高
9. 俯、左视图靠近主视图的一侧，表示物体的（　　）。
   A. 前面　　　　　　B. 后面　　　　　C. 上面　　　　　D. 下面
10. 一个视图只能反映物体（　　）方向的尺寸。
    A. 1 个　　　　　　B. 2 个　　　　　C. 3 个　　　　　D. 4 个

活动二　任务实施，完成任务

根据任务要求，完成孔明锁各部件三视图的绘制。（20 分）

活动三　实战演练，提高绘图技能

1. 按箭头所示的投射方向，将正确视图的图号填入各立体图的圆圈内。（5分）

2. 按箭头所示的投射方向，将正确视图的图号填入各立体图的圆圈内。（5分）

3. 参照立体示意图，补画三视图中漏画的图线。(15分)

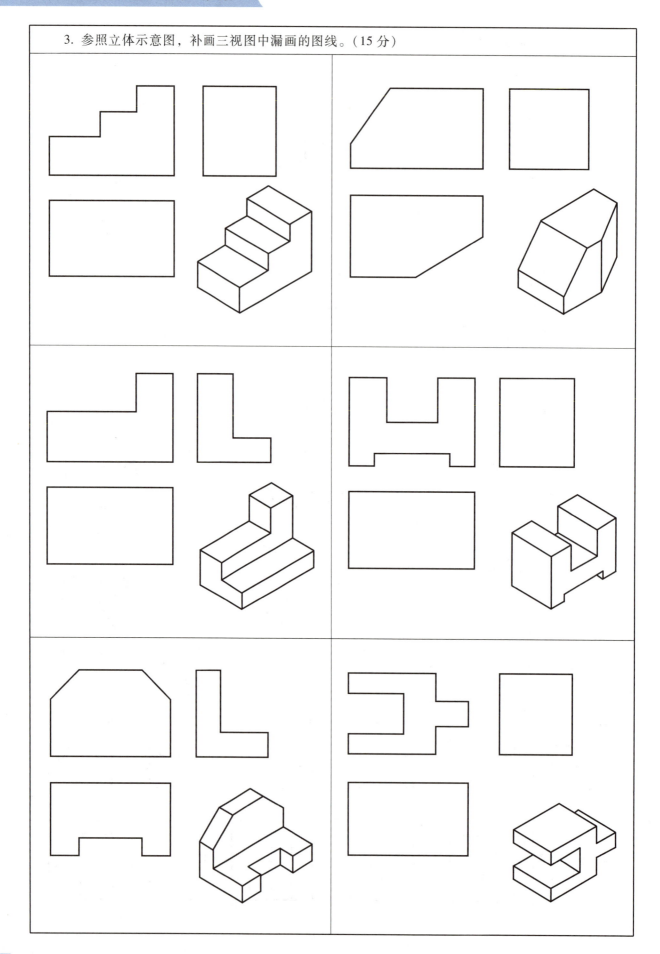

4. 参照立体示意图，补画所缺视图。(15分)

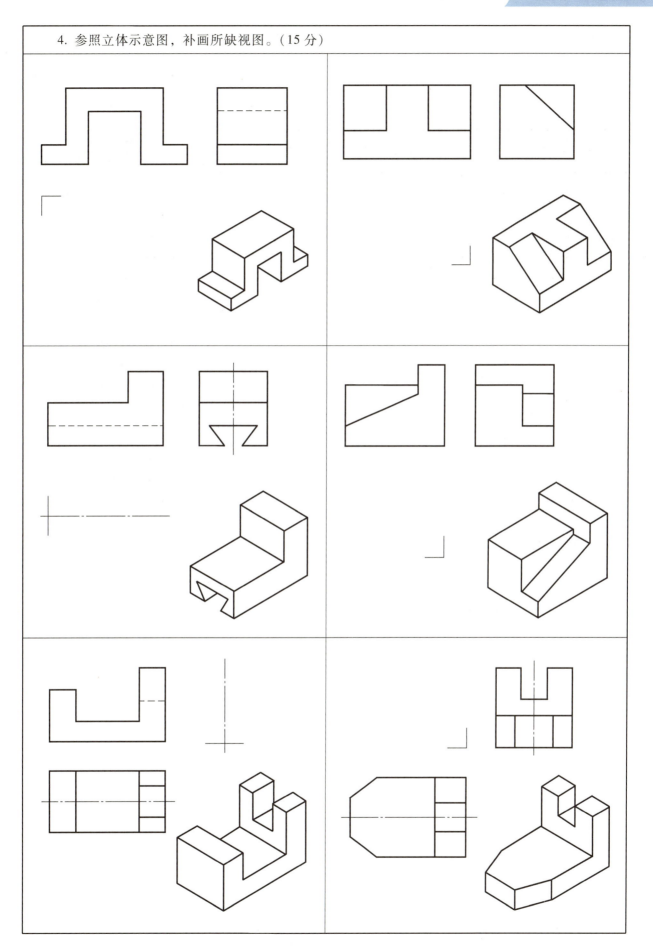

活动四　检查评价，进行自我总结

请你根据任务完成情况，进行自评、小组互评，取长补短，查找不足，完成任务总结。教师根据成绩，进行点评。

评 分 标 准

过程考核	项目名称	考核内容与要求		配分	得分		
					自评	小组互评	教师总评
课前学习 （30分）	自主预习	完成任务，并回答正确		20			
	测试任务	完成测试，并回答正确		10			
课中学习 （20分）	任务实施	图形完整、正确，图线使用符合制图国家标准		10			
		尺寸标注正确合理		8			
		图样干净、整洁		2			
课后学习 （40分）	实战演练	视图选择正确	练习1	5			
			练习2	5			
		图形完整、正确；图线使用符合制图国家标准；图样干净、整洁	练习3	15			
			练习4	15			
综合素质 （10分）	考勤	按时上课，不迟到、不早退		4			
	自主学习	线下、线上自主学习，分析解决问题的能力		2			
	工匠精神	敬业、精益、专注、创新等方面的工匠精神		2			
	职业道德	认真负责、踏实敬业的工作态度和严谨求实、一丝不苟的工作作风		2			
合计				100			
总分（自评占比20%，小组互评占比30%，教师评价占比50%）							

任务总结：

1. 掌握了哪些知识与技能：_____

2. 心得体会及经验教训：_____

3. 其他收获：_____

4. 任务未完成，未完成的原因：_____

教师点评：

项目二　绘制点、直线、平面的投影

任务一　根据立体图作点的三面投影

如图 2-2 所示,将空间点 A 向三个投影面进行投射,得到点的三面投影。试绘制点的三面投影,并分析其投影规律。

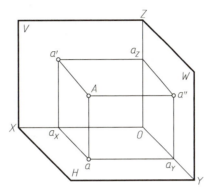

图 2-2　点的投影

活动一　接受任务,课前自主预习

请课前认真阅读教材,查阅相关书籍,通过个人学习、小组讨论,运用信息查找等方法,完成以下任务。(每题 10 分,共 20 分)

1. 请简要说明点的投影规律。

2. 请简要说明点的投影与直角坐标的关系。

预习结束,完成测试任务。

一、选择题(每题 2 分,共 10 分)

1. 已知空间点 $A(10, 15, 20)$、$B(18, 5, 10)$,则点 A 相对点 B 在(　　)。
   A. 右后下方　　　B. 左后下方　　　C. 右前上方　　　D. 左前下方

2. 已知空间点 $A(10, 0, 0)$,该点在(　　)上。
   A. X 轴　　　　　B. Y 轴　　　　　C. Z 轴　　　　　D. W 面

3. 如果点 A 在 H 投影面上,则(　　)。
   A. 点 A 的 x 坐标为 0　　　　　　　B. 点 A 的 y 坐标为 0
   C. 点 A 的 z 坐标为 0　　　　　　　D. 点 A 的 x、y、z 坐标都不为 0

4. 若两点位于同一条垂直某投影面的投射线上,则这两点在该投影面上的投影重合,这两点称为该投影面的(　　)。
   A. 可见点　　　　B. 不可见点　　　C. 重影点　　　　D. 原点

5. 已知空间点 $A(20,5,0)$，该点在（　　）上。

A. V 面　　　　B. H 面　　　　C. X 轴　　　　D. Z 轴

二、作图题（每题 5 分，共 10 分）

1. 在三视图中标出 A、B、C 三点的三面投影。

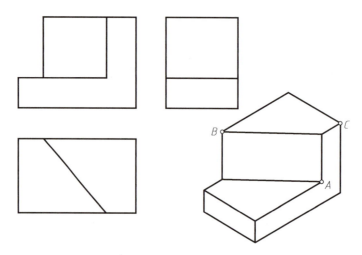

2. 参照三视图，在立体图上标出 D、E 点的位置。

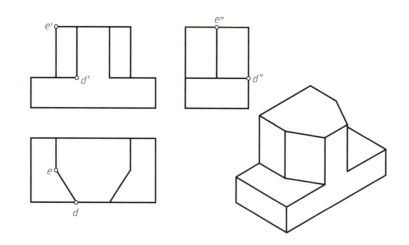

✎ 活动二　任务实施，完成任务

根据任务要求，完成点的三面投影图的绘制。（10 分）

活动三 实战演练，提高绘图技能

1. 已知 A、B、C 三点的两面投影，求作其第三面投影。(6 分)

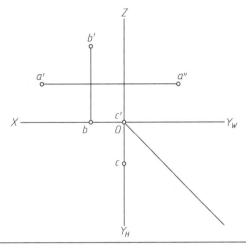

2. 已知 A、B 两点的一面投影，又知点 A 到 V 面的距离为 20mm，点 B 到 H 面的距离为 30mm，求作另一面投影。(6 分)

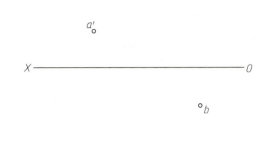

3. 已知点 A(30, 20, 15)、点 B(20, 30, 0)、点 C(0, 0, 25)，求作其三面投影。(8 分)

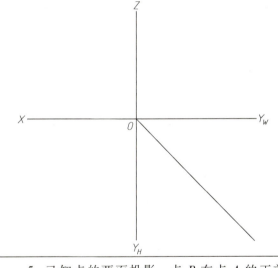

4. 判断 A、B 两点的相对位置（按上下、左右、前后顺序填写）。(6 分)

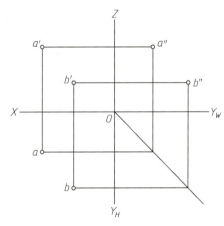

点 A 在点 B 的_____

5. 已知点的两面投影，点 B 在点 A 的正前方，求作 A、B 两点的三面投影。(6 分)

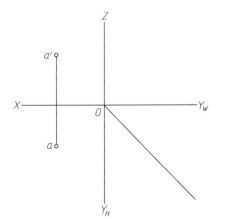

6. 已知点 B 距离点 A 为 8mm，点 C 与点 A 是 V 面的重影点，点 D 在点 A 的正下方 6mm，补全各点的三面投影。(8 分)

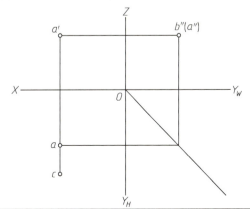

活动四　检查评价，进行自我总结

请你根据任务完成情况，进行自评、小组互评，取长补短，查找不足，完成任务总结。教师根据成绩，进行点评。

评 分 标 准

过程考核	项目名称	考核内容与要求		配分	得分		
					自评	小组互评	教师总评
课前学习（40分）	自主预习	完成任务,并回答正确		20			
	测试任务	完成测试,并回答正确		20			
课中学习（10分）	任务实施	点的投影求作正确		7			
		点的标记正确		3			
课后学习（40分）	实战演练	点的投影求作正确;点的标记正确	练习1	6			
			练习2	6			
			练习3	8			
			练习4	6			
			练习5	6			
			练习6	8			
综合素质（10分）	考勤	按时上课,不迟到、不早退		4			
	自主学习	线下、线上自主学习,分析解决问题的能力		2			
	工匠精神	敬业、精益、专注、创新等方面的工匠精神		2			
	职业道德	认真负责、踏实敬业的工作态度和严谨求实、一丝不苟的工作作风		2			
合计				100			
总分(自评占比20%,小组互评占比30%,教师评价占比50%)							

任务总结：

1. 掌握了哪些知识与技能：_____

2. 心得体会及经验教训：_____

3. 其他收获：_____

4. 任务未完成，未完成的原因：_____

教师点评：

任务二　绘制直线的三面投影

将直线 AB 放入三投影面体系中，如图 2-3 所示，求作直线 AB 的三面投影。

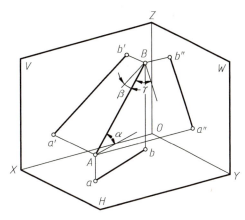

图 2-3　直线的投影

 活动一　接受任务，课前自主预习

请课前认真阅读教材，查阅相关书籍，通过个人学习、小组讨论，运用信息查找等方法，完成以下任务。（每题 5 分，共 20 分）

1. 请说明直线对投影面的相对位置有哪三种。

2. 请简要说明投影面平行线的投影特性。

3. 请简要说明投影面垂直线的投影特性。

4. 请简要说明一般位置直线的投影特性。

预习结束，完成测试任务。

1. 求出各直线的第三面投影，并判断直线对投影面的相对位置。（10分）

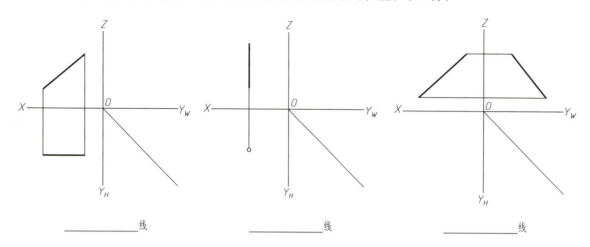

_____线　　　　　_____线　　　　　_____线

2. 标出直线在视图中的投影，并填空说明它们相对投影面的位置。（10分）

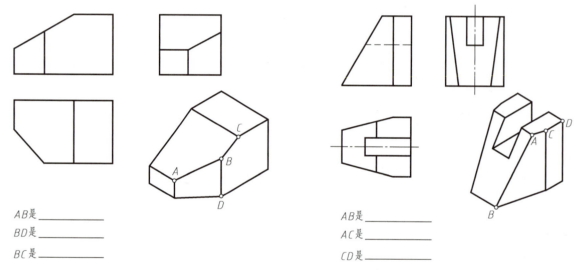

AB是_____　　　　　AB是_____
BD是_____　　　　　AC是_____
BC是_____　　　　　CD是_____

活动二　任务实施，完成任务

根据任务要求，完成直线 AB 的三面投影。（10分）

活动三 实战演练,提高绘图技能

1. 已知直线 AB 的正面投影和端点 A 的水平投影,又知 AB 是正平线,完成 AB 的三面投影。(6分) 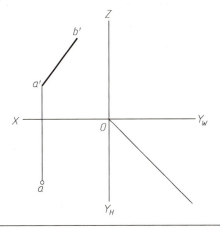	2. 已知直线 CD 的 W 面投影和端点 D 的 V 面投影,又知 H 面、V 面投影都反映实长(20mm),完成直线 CD 的三面投影。(6分) 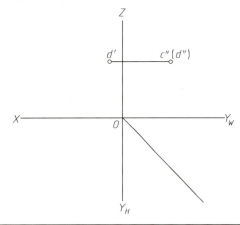
3. 直线 AB 上有一点 K 距离 V 面 20mm,求点 K 的两面投影。(6分) 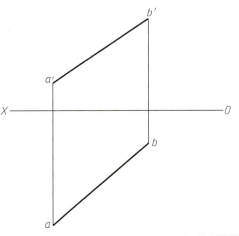	4. 判断点 K 是否在直线 AB 上。(6分) 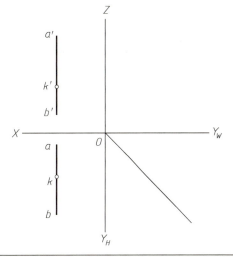
5. 补画两直线侧面投影并判断两直线是否平行。(8分) 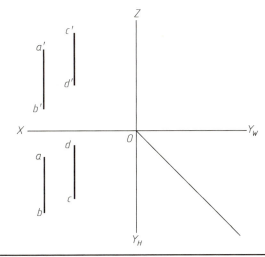	6. 已知两直线相交,补全直线 CD 的另一面投影。(8分) 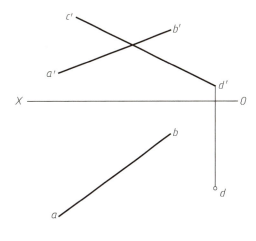

活动四　检查评价，进行自我总结

请你根据任务完成情况，进行自评、小组互评，取长补短，查找不足，完成任务总结。教师根据成绩，进行点评。

评 分 标 准

过程考核	项目名称	考核内容与要求		配分	得分		
					自评	小组互评	教师总评
课前学习（40分）	自主预习	完成任务,并回答正确		20			
	测试任务	完成测试,并回答正确		20			
课中学习（10分）	任务实施	直线的投影求作正确		7			
		直线的标记正确		3			
课后学习（40分）	实战演练	直线的投影求作正确；直线的标记正确	练习1	6			
			练习2	6			
			练习3	6			
			练习4	6			
			练习5	8			
			练习6	8			
综合素质（10分）	考勤	按时上课,不迟到、不早退		4			
	自主学习	线下、线上自主学习,分析解决问题的能力		2			
	工匠精神	敬业、精益、专注、创新等方面的工匠精神		2			
	职业道德	认真负责、踏实敬业的工作态度和严谨求实、一丝不苟的工作作风		2			
合计				100			
总分（自评占比20%,小组互评占比30%,教师评价占比50%）							

任务总结：

1. 掌握了哪些知识与技能：_____

2. 心得体会及经验教训：_____

3. 其他收获：_____

4. 任务未完成，未完成的原因：_____

教师点评：

任务三　绘制平面的三面投影

将平面△ABC放入三投影面体系中，如图2-4所示，求作平面△ABC的三面投影。

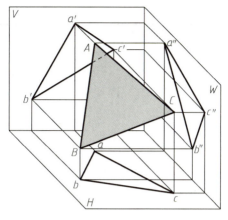

图 2-4　平面的投影

活动一　接受任务，课前自主预习

请课前认真阅读教材，查阅相关书籍，通过个人学习、小组讨论，运用信息查找等方法，完成以下任务。（每题5分，共20分）

1. 请说明平面对投影面的相对位置有哪三种。

2. 请简要说明投影面平行面的投影特性。

3. 请简要说明投影面垂直面的投影特性。

4. 请简要说明一般位置平面的投影特性。

预习结束，完成测试任务。

1. 求出各平面的第三面投影，并判断平面对投影面的相对位置。（10分）

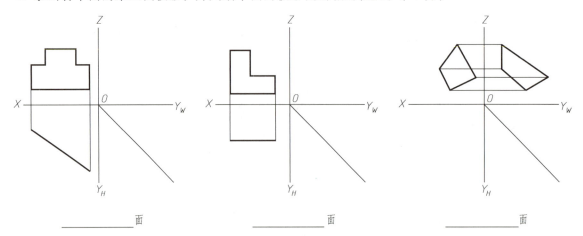

_____面　　　　　　_____面　　　　　　_____面

2. 标出平面在视图中的投影，并填空说明它们相对投影面的位置。（10分）

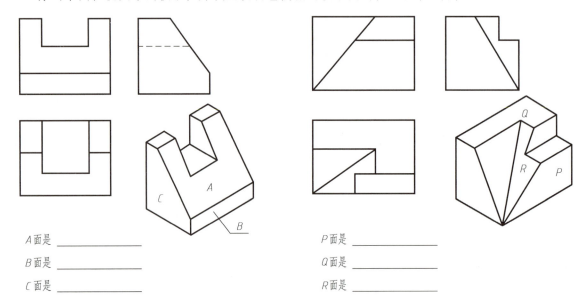

A面是 _____　　　　　　P面是 _____

B面是 _____　　　　　　Q面是 _____

C面是 _____　　　　　　R面是 _____

活动二　任务实施，完成任务

根据任务要求，完成平面△ABC的三面投影。（10分）

活动三　实战演练，提高绘图技能

1. 判断 K 点是否在平面 ABC 上。（6 分）

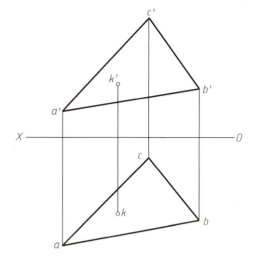

2. 已知 AD 是 △ABC 内的正平线，补全 △ABC 的水平投影。（6 分）

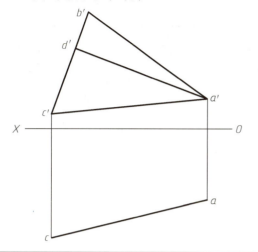

3. 过点 A 在 △ABC 内作一条水平线。（6 分）

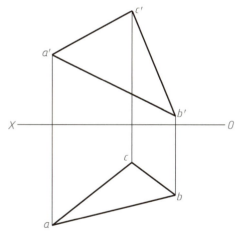

4. 完成平面 ABCD 的水平投影。（6 分）

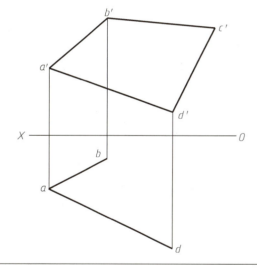

5. 完成平面 ABCDE 的水平投影。（8 分）

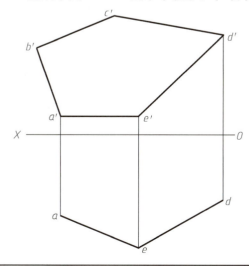

6. 作平面 ABCD 上 △EFG 的正面投影。（8 分）

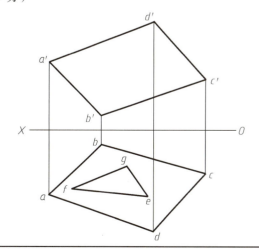

活动四　检查评价，进行自我总结

请你根据任务完成情况，进行自评、小组互评，取长补短，查找不足，完成任务总结。教师根据成绩，进行点评。

评 分 标 准

过程考核	项目名称	考核内容与要求		配分	得分		
					自评	小组互评	教师总评
课前学习（40分）	自主预习	完成任务，并回答正确		20			
	测试任务	完成测试，并回答正确		20			
课中学习（10分）	任务实施	平面的投影求作正确		7			
		平面的标记正确		3			
课后学习（40分）	实战演练	平面的投影求作正确；平面的标记正确	练习1	6			
			练习2	6			
			练习3	6			
			练习4	6			
			练习5	8			
			练习6	8			
综合素质（10分）	考勤	按时上课，不迟到、不早退		4			
	自主学习	线下、线上自主学习，分析解决问题的能力		2			
	工匠精神	敬业、精益、专注、创新等方面的工匠精神		2			
	职业道德	认真负责、踏实敬业的工作态度和严谨求实、一丝不苟的工作作风		2			
合计				100			
总分（自评占比20%，小组互评占比30%，教师评价占比50%）							

任务总结：

1. 掌握了哪些知识与技能：

2. 心得体会及经验教训：

3. 其他收获：

4. 任务未完成，未完成的原因：

教师点评：

模块三　基本几何体及其表面交线

项目一　绘制基本几何体的三视图

任务一　绘制玩具小屋模型的三视图

根据某玩具生产企业给定的玩具小屋模型，如图 3-1 所示，绘制其三视图。

图 3-1　玩具小屋模型

活动一　接受任务，课前自主预习

请课前认真阅读教材，查阅相关书籍，通过个人学习、小组讨论，运用信息查找等方法，完成以下任务。（每题 10 分，共 20 分）

1. 请说明什么是平面立体，并举例。

2. 请简要分析棱柱与棱锥的结构特点。

预习结束，完成测试任务。

根据两视图补画第三面投影。（每题 5 分，共 20 分）

1.

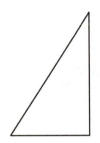

2.

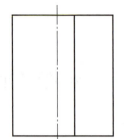

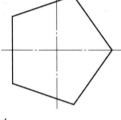

3.

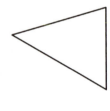

4.

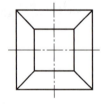

 活动二　任务实施，完成任务

根据任务要求，完成玩具小屋模型的三视图。（10 分）

活动三　实战演练，提高绘图技能

补画视图，并求作平面立体表面上各点的三面投影。（每题 5 分，共 40 分）

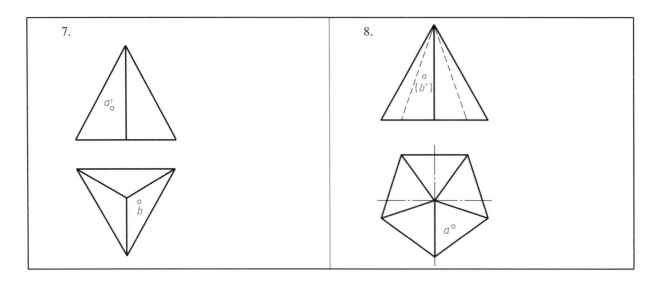

活动四 检查评价，进行自我总结

请你根据任务完成情况，进行自评、小组互评，取长补短，查找不足，完成任务总结。教师根据成绩，进行点评。

评 分 标 准

过程考核	项目名称	考核内容与要求		配分	得分		
					自评	小组互评	教师总评
课前学习 （40分）	自主预习	完成任务，并回答正确		20			
	测试任务	完成测试，并回答正确		20			
课中学习 （10分）	任务实施	图形完整、正确		6			
		图线使用符合制图国家标准		2			
		图样干净、整洁		2			
课后学习 （40分）	实战演练	视图补画正确；平面立体表面点的投影求作正确；点的标记正确	棱柱	20			
			棱锥	20			
综合素质 （10分）	考勤	按时上课，不迟到、不早退		4			
	自主学习	线下、线上自主学习，分析解决问题的能力		2			
	工匠精神	敬业、精益、专注、创新等方面的工匠精神		2			
	职业道德	认真负责、踏实敬业的工作态度和严谨求实、一丝不苟的工作作风		2			
合计				100			
总分（自评占比20%，小组互评占比30%，教师评价占比50%）							

任务总结：

1. 掌握了哪些知识与技能：

2. 心得体会及经验教训：

3. 其他收获：

4. 任务未完成，未完成的原因：

教师点评：

任务二　绘制玩具粮仓模型的三视图

根据某玩具生产企业给定的玩具粮仓模型，如图 3-2 所示，绘制其三视图。

图 3-2　玩具粮仓模型

活动一　接受任务，课前自主预习

请课前认真阅读教材，查阅相关书籍，通过个人学习、小组讨论，运用信息查找等方法，完成以下任务。（每题 10 分，共 20 分）

1. 请简要分析圆柱的形状结构。

2. 请简要分析圆锥的形状结构。

预习结束，完成测试任务。

一、选择题（每题 1 分，共 4 分）

1. 圆柱体的轴线垂直于 H 面，则圆柱面对 W 面的转向轮廓线是（　　）。
   A. 柱面上最左和最右的两条素线　　B. 柱面上最前和最后的两条素线
   C. 以上两种情况都对　　D. 以上两种情况都不对

2. 圆柱体的轴线垂直于 H 面，则圆柱面对 V 面的转向轮廓线是（　　）。
   A. 柱面上最左和最右的两条素线　　B. 柱面上最前和最后的两条素线
   C. 以上两种情况都对　　D. 以上两种情况都不对

3. 圆锥体的轴线垂直于 H 面，则圆锥面对 V 面的转向轮廓线是（　　）。
   A. 锥面上最左和最右的两条素线　　B. 锥面上最前和最后的两条素线
   C. 以上两种情况都对　　D. 以上两种情况都不对

4. 圆锥体的轴线垂直于 H 面，则圆锥面对 W 面的转向轮廓线是（　　）。
   A. 锥面上最左和最右的两条素线　　B. 锥面上最前和最后的两条素线
   C. 以上两种情况都对　　D. 以上两种情况都不对

二、填空题（每空 1 分，共 6 分）

1. 正面投影的轮廓圆是_____、_____两半球面可见与不可见的分界线。
2. 水平投影的轮廓圆是_____、_____两半球面可见与不可见的分界线。
3. 侧面投影的轮廓圆是_____、_____两半球面可见与不可见的分界线。

活动二 任务实施，完成任务

根据任务要求，完成玩具粮仓模型的三视图。（10分）

 活动三 实战演练，提高绘图技能

补画视图，并求作曲面立体表面上各点的三面投影。（每题5分，共50分）

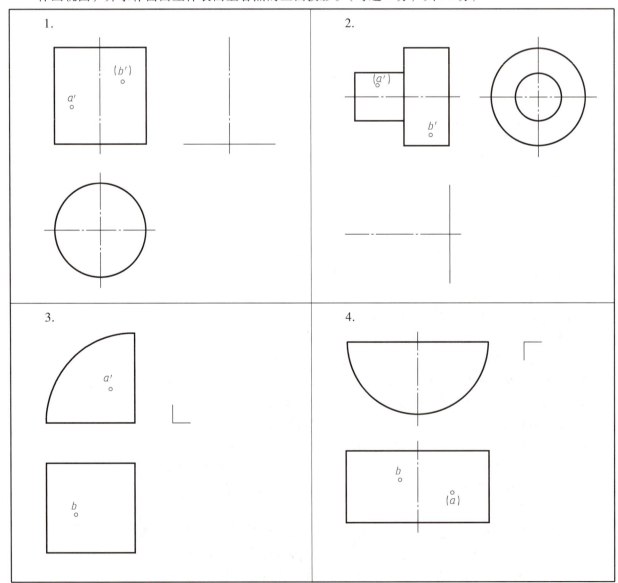

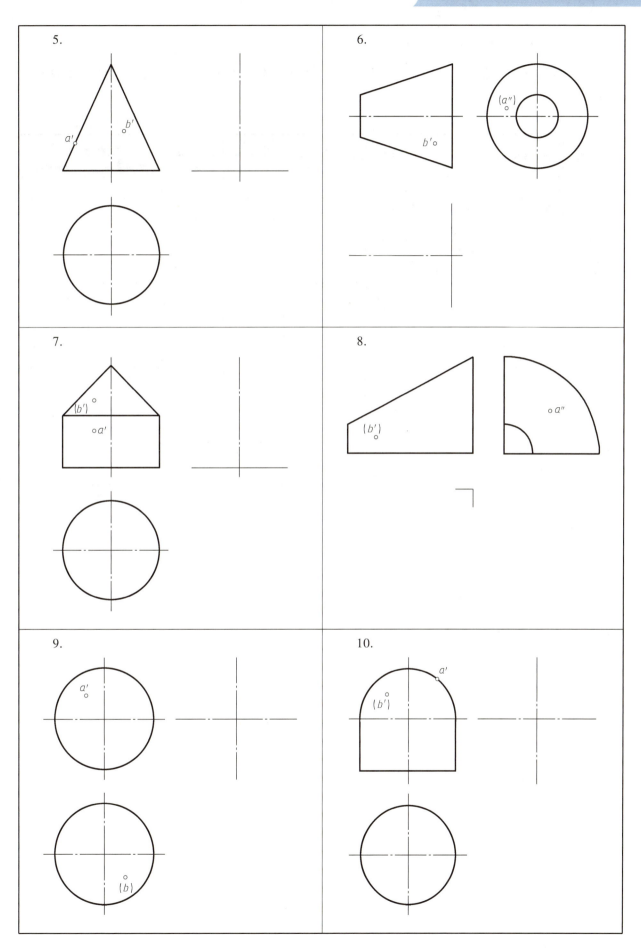

活动四　检查评价，进行自我总结

请你根据任务完成情况，进行自评、小组互评，取长补短，查找不足，完成任务总结。教师根据成绩，进行点评。

评 分 标 准

过程考核	项目名称	考核内容与要求		配分	得分		
					自评	小组互评	教师总评
课前学习 （30分）	自主预习	完成任务，并回答正确		20			
	测试任务	完成测试，并回答正确		10			
课中学习 （10分）	任务实施	图形完整、正确		6			
		图线使用符合制图国家标准		2			
		图样干净、整洁		2			
课后学习 （50分）	实战演练	视图补画正确；曲面立体表面点的投影求作正确；点的标记正确	圆柱	20			
			圆锥	20			
			圆球	10			
综合素质 （10分）	考勤	按时上课，不迟到、不早退		4			
	自主学习	线下、线上自主学习，分析解决问题的能力		2			
	工匠精神	敬业、精益、专注、创新等方面的工匠精神		2			
	职业道德	认真负责、踏实敬业的工作态度和严谨求实、一丝不苟的工作作风		2			
合计				100			
总分（自评占比20%，小组互评占比30%，教师评价占比50%）							

任务总结：

1. 掌握了哪些知识与技能：_____

_____

_____

2. 心得体会及经验教训：_____

_____

_____

3. 其他收获：_____

_____

_____

4. 任务未完成，未完成的原因：_____

_____

_____

教师点评：

_____

项目二　绘制截交线的投影

任务一　绘制钢轨斜接头的三视图

根据某企业生产的钢轨斜接头，如图 3-3 所示，补全其三视图。

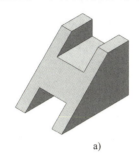
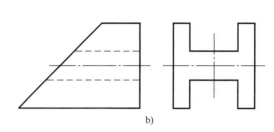

图 3-3　钢轨斜接头

活动一　接受任务，课前自主预习

请课前认真阅读教材，查阅相关书籍，通过个人学习、小组讨论，运用信息查找等方法，完成以下任务。（每题 10 分，共 20 分）

1. 请简要说明什么是截交线。

2. 请简要说明截交线的特征。

预习结束，完成测试任务。

选择题（每题 2 分，共 10 分）

1. 截交线的形状由（　　）决定。
   A. 截平面 B. 立体表面形状和截平面与立体的相对位置
   C. 与相对立体的表面形状 D. 其中一个立体表面形状

2. 平面立体的截交线是（　　）。
   A. 平面多边形　　B. 平面曲线　　C. 空间折线　　D. 空间曲线

3. 平面截切平面立体或平面与立体相交形成的交线称为（　　）。
   A. 相贯线　　B. 平面曲线　　C. 截交线　　D. 空间曲线

4. 截交线上的点必定是截平面与基本体表面的（　　）。
   A. 基本点　　B. 一般点　　C. 特殊点　　D. 共有点

5. 截切基本体的平面称为（　　）。
   A. 截平面　　B. 共有面　　C. 特殊平面　　D. 一般位置平面

活动二 任务实施，完成任务

根据任务要求，补全钢轨斜接头的三视图。（10分）

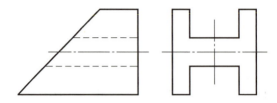

 活动三 实战演练，提高绘图技能

分析下列各平面立体的截交线，补全立体的三视图。（每题5分，共50分）

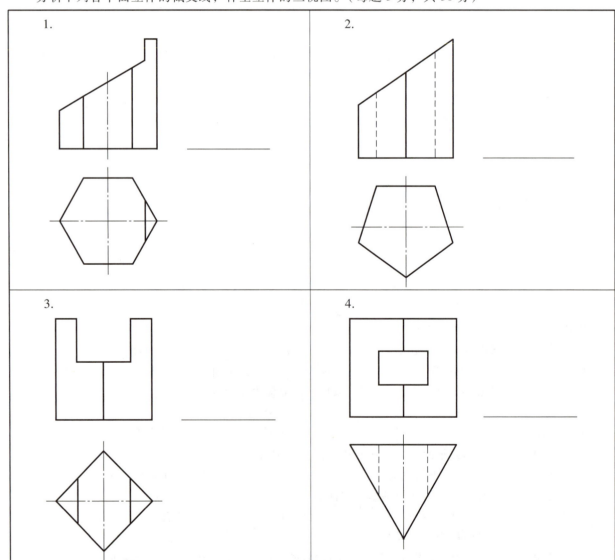

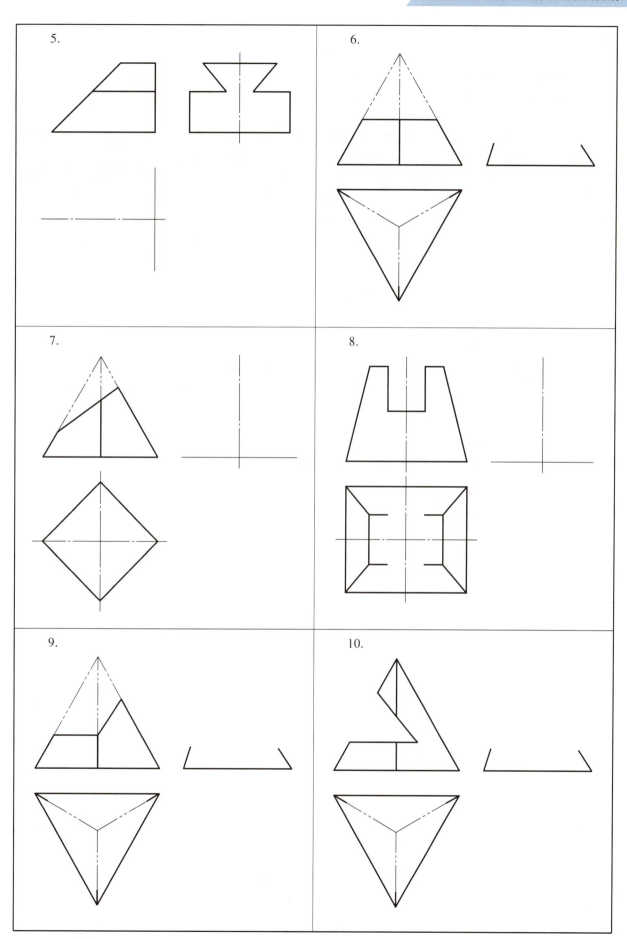

活动四　检查评价，进行自我总结

请你根据任务完成情况，进行自评、小组互评，取长补短，查找不足，完成任务总结。教师根据成绩，进行点评。

评 分 标 准

过程考核	项目名称	考核内容与要求		配分	得分		
					自评	小组互评	教师总评
课前学习 （30分）	自主预习	完成任务，并回答正确		20			
	测试任务	完成测试，并回答正确		10			
课中学习 （10分）	任务实施	图形完整、正确		6			
		图线使用符合制图国家标准		2			
		图样干净、整洁		2			
课后学习 （50分）	实战演练	视图补画正确；截交线求作正确；图线使用符合制图国家标准；图样干净、整洁	棱柱	25			
			棱锥	25			
综合素质 （10分）	考勤	按时上课，不迟到、不早退		4			
	自主学习	线下、线上自主学习，分析解决问题的能力		2			
	工匠精神	敬业、精益、专注、创新等方面的工匠精神		2			
	职业道德	认真负责、踏实敬业的工作态度和严谨求实、一丝不苟的工作作风		2			
合计				100			
总分（自评占比20%，小组互评占比30%，教师评价占比50%）							

任务总结：

1. 掌握了哪些知识与技能：

2. 心得体会及经验教训：

3. 其他收获：

4. 任务未完成，未完成的原因：

教师点评：

任务二　绘制顶尖头部的三视图

根据某企业生产的顶尖头部，如图 3-4 所示，补全其三视图。

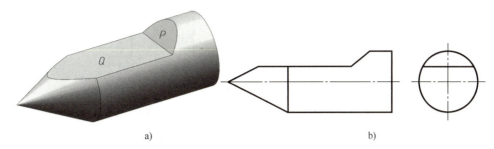

图 3-4　顶尖头部

 活动一　接受任务，课前自主预习

请课前认真阅读教材，查阅相关书籍，通过个人学习、小组讨论，运用信息查找等方法，完成以下任务。

请简要说明平面切割曲面体后其截交线的作图方法。（10 分）

_____

_____

_____

预习结束，完成测试任务。

填空题（每空 1 分，共 10 分）

1. 圆柱体被平面截切后产生的截交线形状有_____、_____、_____三种。
2. 圆锥体被垂直于轴线的平面切割，圆锥面和截平面的交线是_____。
3. 圆锥体被过锥顶的平面切割，圆锥面和截平面的交线是_____。
4. 圆锥体被倾斜于轴线，但不平行于任一素线的平面切割，圆锥面和截平面的交线是_____。
5. 圆锥体被平行于轴线的平面切割，圆锥面和截平面的交线是_____。
6. 圆锥体被平行于任一素线的平面切割，圆锥面和截平面的交线是_____。
7. 圆球被任何平面切割时截交线都是_____，但由于截平面相对于投影面的位置不同，其截交线的投影可能为_____、圆或椭圆。

 活动二　任务实施，完成任务

根据任务要求，补全顶尖头部的三视图。（20 分）

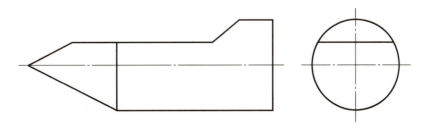

活动三 实战演练，提高绘图技能

练习一、分析圆柱体的截交线，并补全三视图。（每题 2.5 分，共 15 分）

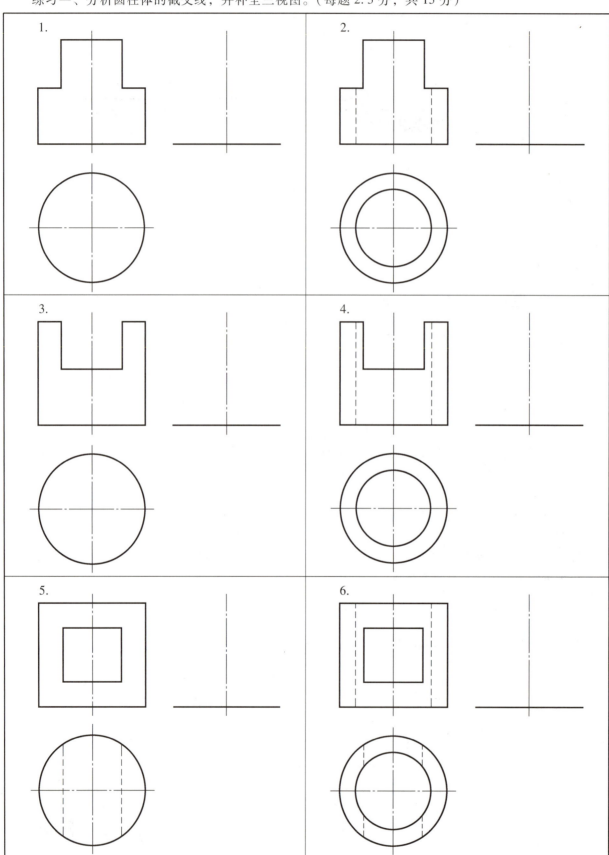

模块三　基本几何体及其表面交线

练习二、分析圆柱体的截交线，并补全三视图。（每题 2.5 分，共 15 分）

1.

2.

3.

4.

5.

6.

练习二、分析圆柱体的截交线，并补全三视图。（每题 2.5 分，共 15 分）

61

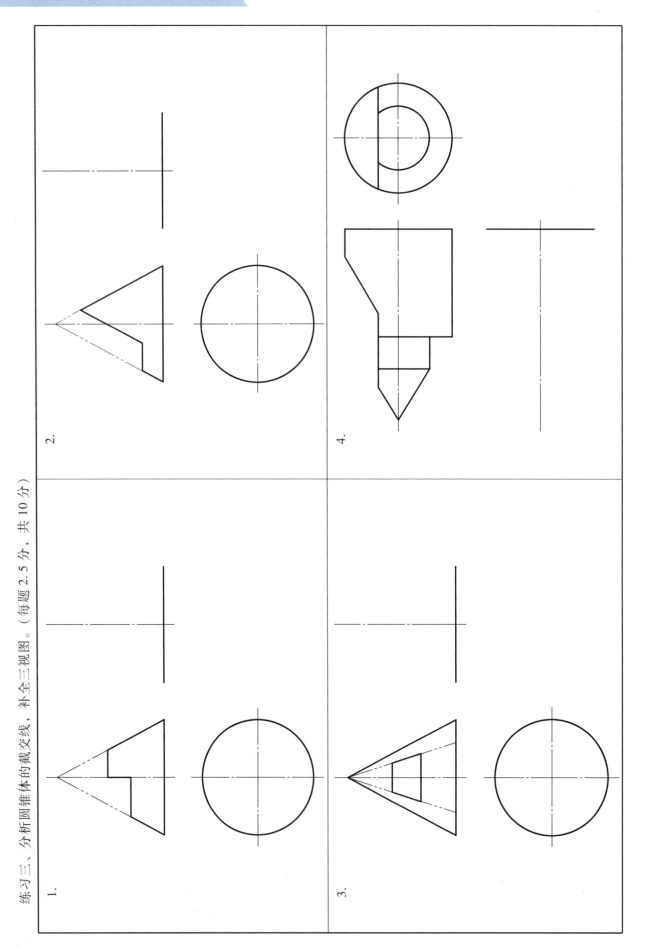

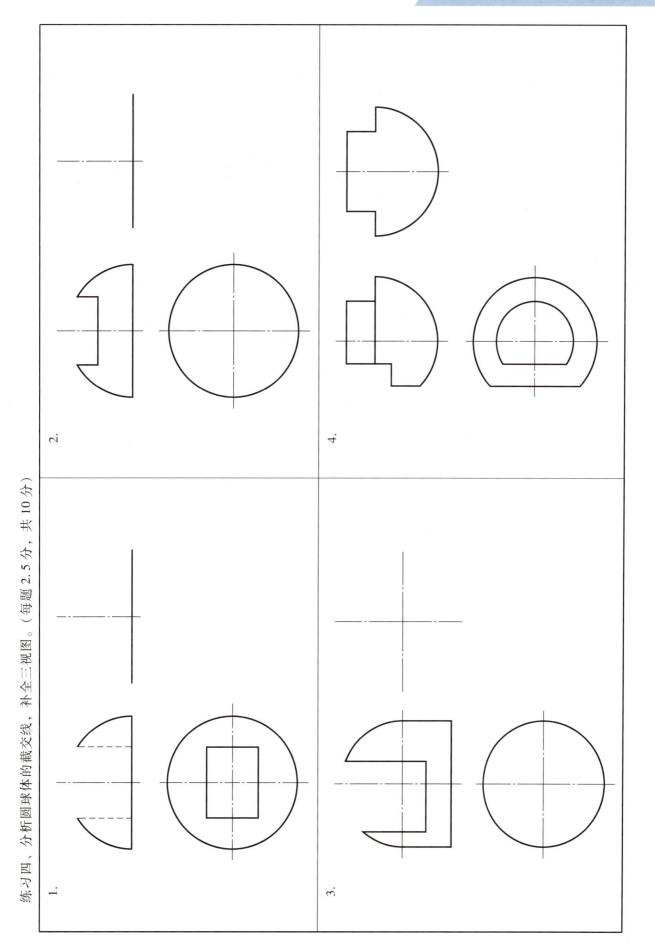

活动四　检查评价，进行自我总结

请你根据任务完成情况，进行自评、小组互评，取长补短，查找不足，完成任务总结。教师根据成绩，进行点评。

评 分 标 准

过程考核	项目名称	考核内容与要求		配分	得分		
					自评	小组互评	教师总评
课前学习（20分）	自主预习	完成任务，并回答正确		10			
	测试任务	完成测试，并回答正确		10			
课中学习（20分）	任务实施	图形完整、正确		14			
		图线使用符合制图国家标准		4			
		图样干净、整洁		2			
课后学习（50分）	实战演练	视图补画正确；截交线求作正确；图线使用符合制图国家标准；图样干净、整洁	圆柱	30			
			圆锥	10			
			圆球	10			
综合素质（10分）	考勤	按时上课，不迟到、不早退		4			
	自主学习	线下、线上自主学习，分析解决问题的能力		2			
	工匠精神	敬业、精益、专注、创新等方面的工匠精神		2			
	职业道德	认真负责、踏实敬业的工作态度和严谨求实、一丝不苟的工作作风		2			
合计				100			
总分（自评占比20%，小组互评占比30%，教师评价占比50%）							

任务总结：

1. 掌握了哪些知识与技能：＿＿＿＿＿＿＿＿＿＿＿＿＿＿＿＿＿＿＿＿＿＿＿＿＿＿＿

2. 心得体会及经验教训：＿＿＿＿＿＿＿＿＿＿＿＿＿＿＿＿＿＿＿＿＿＿＿＿＿＿＿

3. 其他收获：＿＿＿＿＿＿＿＿＿＿＿＿＿＿＿＿＿＿＿＿＿＿＿＿＿＿＿＿＿＿＿＿

4. 任务未完成，未完成的原因：＿＿＿＿＿＿＿＿＿＿＿＿＿＿＿＿＿＿＿＿＿＿＿

教师点评：

项目三　绘制回转体相贯线的投影

任务　绘制异径三通管的三视图

根据某企业生产的异径三通管,如图 3-5 所示,补全其三视图。

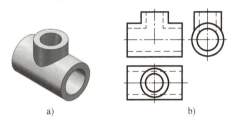

图 3-5　异径三通管

活动一　接受任务,课前自主预习

请课前认真阅读教材,查阅相关书籍,通过个人学习、小组讨论,运用信息查找等方法,完成以下任务。

请简要说明如何绘制相贯线。(10 分)

_____

_____

预习结束,完成测试任务。

选择题(每题 2 分,共 10 分)

1. 机件外表面的相贯线用(　　)绘制。
 A. 粗实线　　　　　B. 细实线　　　　　C. 细虚线　　　　　D. 细点画线
2. 机件内表面的相贯线用(　　)绘制。
 A. 粗实线　　　　　B. 细实线　　　　　C. 细虚线　　　　　D. 细点画线
3. 在轴线正交圆柱体的相贯线投影的近似画法中,圆弧半径应等于(　　)。
 A. 大圆柱的直径　　B. 大圆柱的半径　　C. 小圆柱的直径　　D. 小圆柱的半径
4. 直径相等的两个圆柱体正交时,产生的相贯线空间形状是(　　)。
 A. 两个椭圆　　　　B. 两个圆　　　　　C. 两条直线段　　　D. 两条双曲线
5. 在一般情况下,相贯线为封闭的(　　)。
 A. 直线　　　　　　B. 空间曲线　　　　C. 曲线　　　　　　D. 截交线

活动二　任务实施,完成任务

根据任务要求,补全异径三通管的三视图。(10 分)

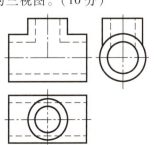

活动三　实战演练，提高绘图技能

练习一、补画视图中所缺的相贯线，完成三视图。（每题 6 分，共 36 分）

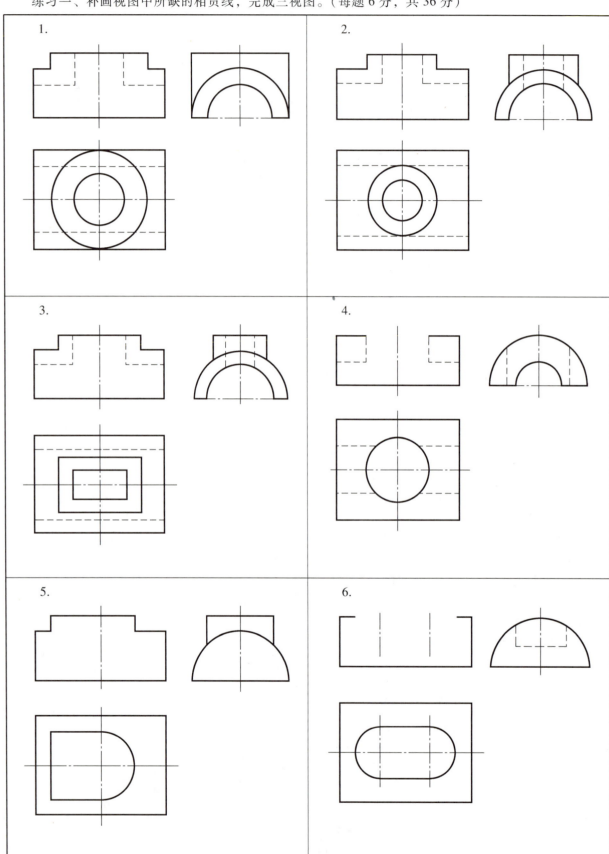

练习二、补画视图中所缺的相贯线，完成三视图。（每题 6 分，共 24 分）

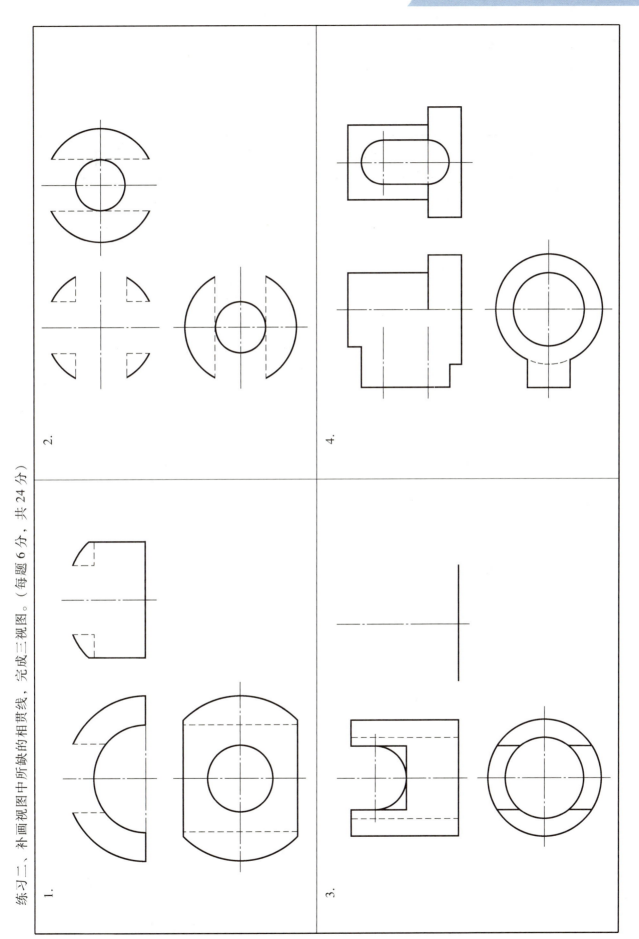

活动四　检查评价，进行自我总结

请你根据任务完成情况，进行自评、小组互评，取长补短，查找不足，完成任务总结。教师根据成绩，进行点评。

评 分 标 准

过程考核	项目名称	考核内容与要求		配分	得分		
					自评	小组互评	教师总评
课前学习（20分）	自主预习	完成任务,并回答正确		10			
	测试任务	完成测试,并回答正确		10			
课中学习（10分）	任务实施	相贯线补画正确		6			
		图线使用符合制图国家标准		2			
		图样干净、整洁		2			
课后学习（60分）	实战演练	相贯线补画正确;图线使用符合制图国家标准;图样干净、整洁	练习一	36			
			练习二	24			
综合素质（10分）	考勤	按时上课,不迟到、不早退		4			
	自主学习	线下、线上自主学习,分析解决问题的能力		2			
	工匠精神	敬业、精益、专注、创新等方面的工匠精神		2			
	职业道德	认真负责、踏实敬业的工作态度和严谨求实、一丝不苟的工作作风		2			
		合计		100			
	总分(自评占比20%,小组互评占比30%,教师评价占比50%)						

任务总结：

1. 掌握了哪些知识与技能：_____

2. 心得体会及经验教训：_____

3. 其他收获：_____

4. 任务未完成，未完成的原因：_____

教师点评：

模块四 组 合 体

项目一 绘制组合体的三视图

任务 绘制轴承座的三视图

图 4-1 所示为某企业生产的轴承座,绘制其三视图。

图 4-1 轴承座

活动一 接受任务,课前自主预习

请课前认真阅读教材,查阅相关书籍,通过个人学习、小组讨论,运用信息查找等方法,完成以下任务。(每题 5 分,共 15 分)

1. 请简要分析轴承座的形状结构。

2. 请简要说明形体之间的表面连接关系有哪几种。

3. 请简要说明什么是形体分析法。

预习结束，完成测试任务。

补画组合体表面交线。（每组题 10 分，共 20 分）

1.

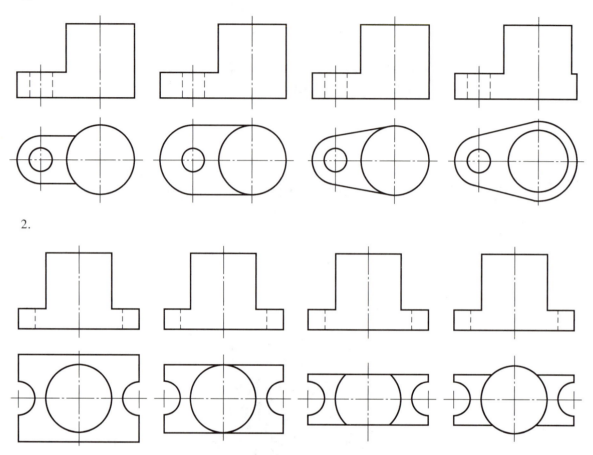

2.

活动二　任务实施，完成任务

根据任务要求，完成轴承座的三视图。（15 分）

活动三　实战演练，提高绘图技能

练习一、参照轴测图补画三视图中的漏线。（每题 2 分，共 12 分）

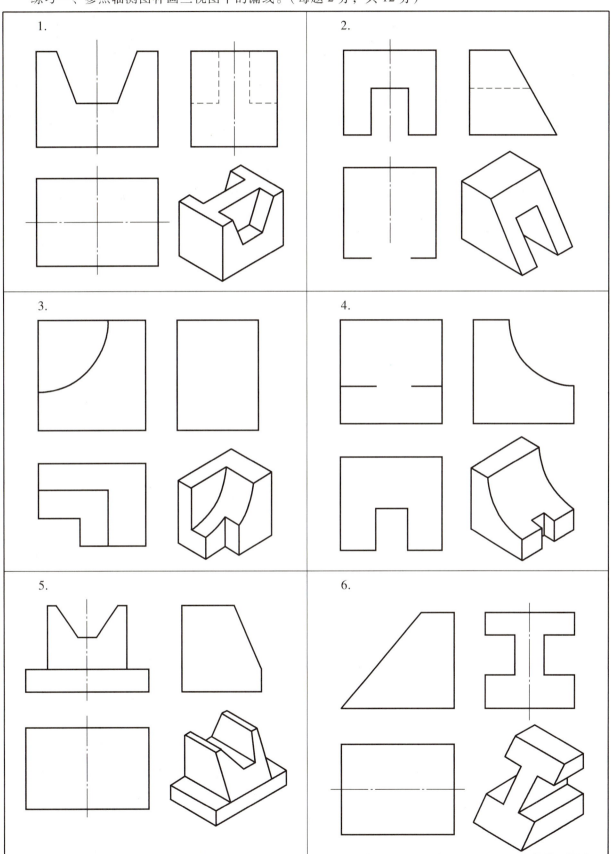

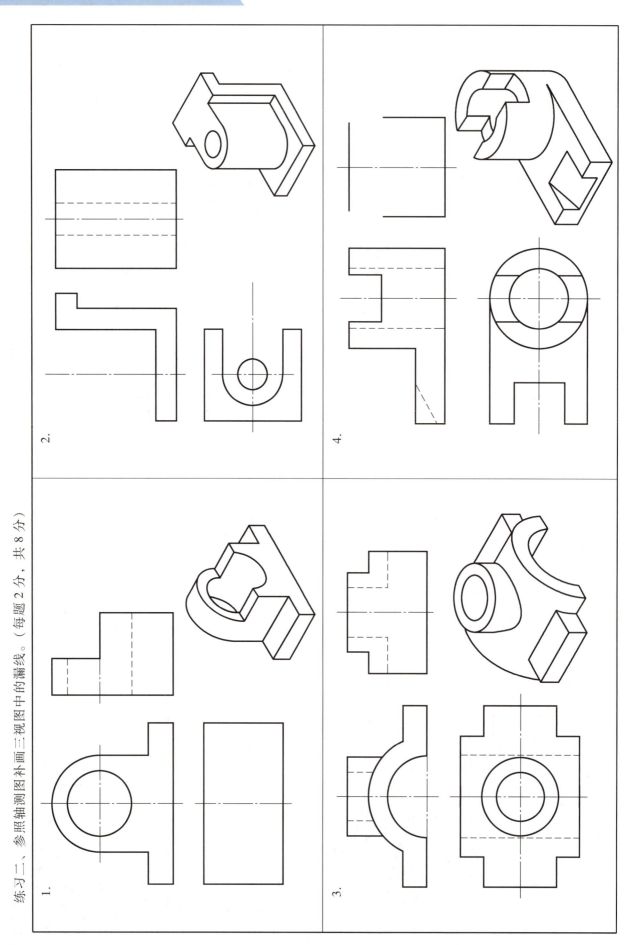

练习三、根据两视图和轴测图补画第三视图。(每题 2 分,共 8 分)

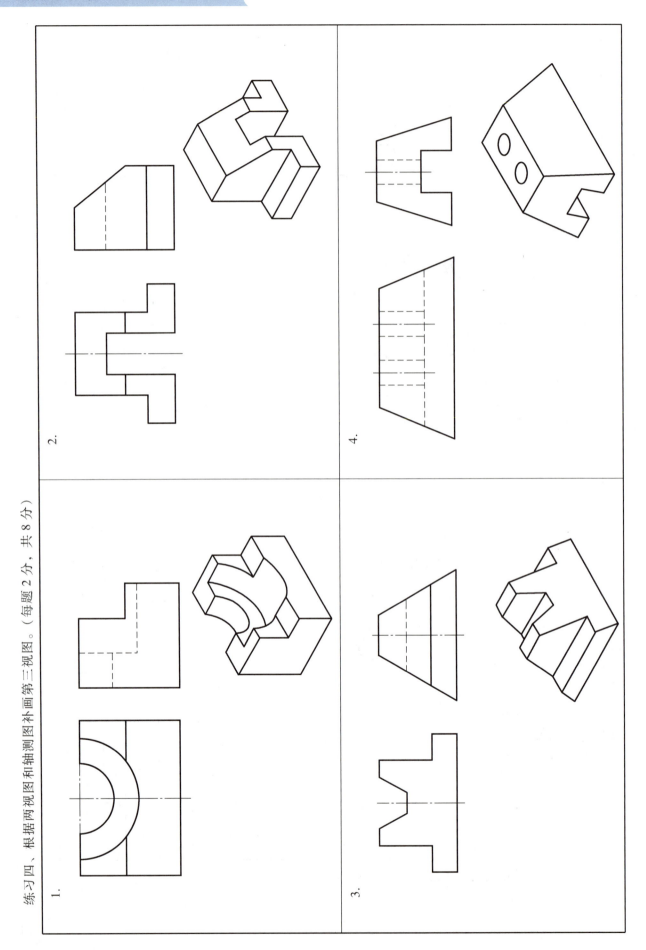

练习五、根据给定的轴测图按 1∶1 比例绘制三视图。(4 分)

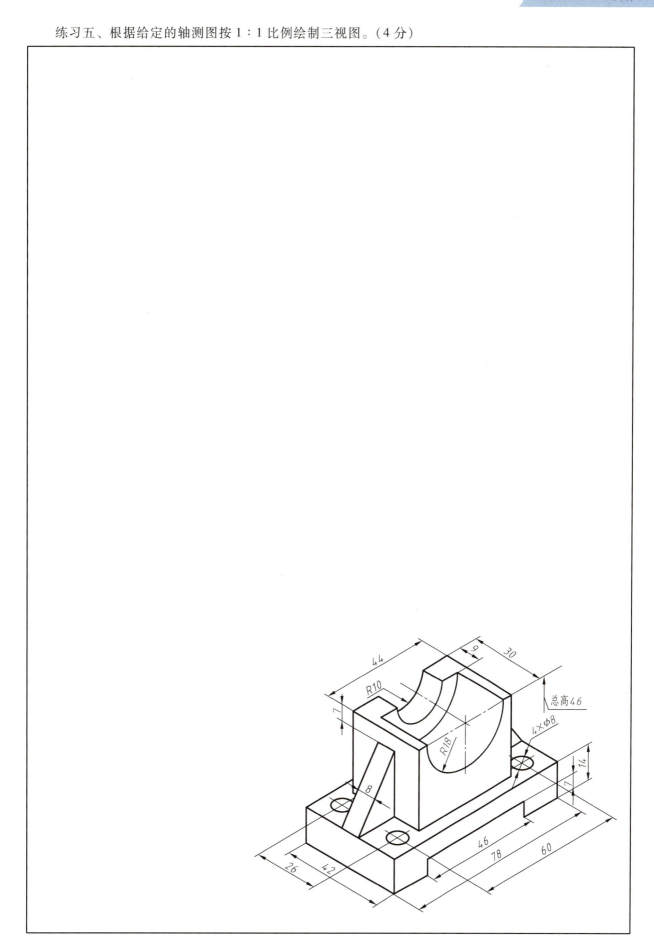

活动四　检查评价，进行自我总结

请你根据任务完成情况，进行自评、小组互评，取长补短，查找不足，完成任务总结。教师根据成绩，进行点评。

评 分 标 准

过程考核	项目名称	考核内容与要求		配分	得分		
					自评	小组互评	教师总评
课前学习 （35分）	自主预习	完成任务，并回答正确		15			
	测试任务	完成测试，并回答正确		20			
课中学习 （15分）	任务实施	图形完整、正确		10			
		图线使用符合制图国家标准		3			
		图样干净、整洁		2			
课后学习 （40分）	实战演练	图线补画正确，没有漏线；图样干净、整洁	练习一	12			
			练习二	8			
		视图补画完整、正确；图线使用符合制图国家标准；图样干净、整洁	练习三	8			
			练习四	8			
			练习五	4			
综合素质 （10分）	考勤	按时上课，不迟到、不早退		4			
	自主学习	线下、线上自主学习，分析解决问题的能力		2			
	工匠精神	敬业、精益、专注、创新等方面的工匠精神		2			
	职业道德	认真负责、踏实敬业的工作态度和严谨求实、一丝不苟的工作作风		2			
合计				100			
总分（自评占比20%，小组互评占比30%，教师评价占比50%）							

任务总结：

1. 掌握了哪些知识与技能：＿＿＿＿＿＿＿＿＿＿＿＿＿＿＿＿＿＿＿＿＿＿＿＿＿＿＿＿＿＿＿＿＿＿
＿＿

2. 心得体会及经验教训：＿＿＿＿＿＿＿＿＿＿＿＿＿＿＿＿＿＿＿＿＿＿＿＿＿＿＿＿＿＿＿＿＿
＿＿

3. 其他收获：＿＿＿＿＿＿＿＿＿＿＿＿＿＿＿＿＿＿＿＿＿＿＿＿＿＿＿＿＿＿＿＿＿＿＿＿＿＿
＿＿

4. 任务未完成，未完成的原因：＿＿＿＿＿＿＿＿＿＿＿＿＿＿＿＿＿＿＿＿＿＿＿＿＿＿＿＿＿
＿＿

教师点评：

项目二 组合体的尺寸标注

任务 标注支座的尺寸

图 4-2 所示为某企业生产的支座，绘制其三视图并标注尺寸。

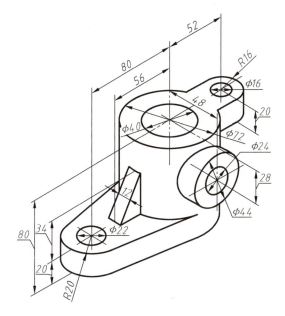

图 4-2 支座

活动一 接受任务，课前自主预习

请课前认真阅读教材，查阅相关书籍，通过个人学习、小组讨论，运用信息查找等方法，完成以下任务。（每题 5 分，共 15 分）

1. 请简要说明组合体尺寸标注的基本要求。

2. 请简要说明通常选择哪些平面或线作为组合体的尺寸基准。

3. 请简要说明组合体尺寸标注的步骤。

预习结束，完成测试任务。

选择题（每题 2 分，共 20 分）
1. 标注组合体尺寸的顺序是（　　）。
A. 先标注定形尺寸　　B. 先标注定位尺寸
C. 先标注总体尺寸　　D. 先标注定形尺寸，再标注定位尺寸，最后标注总体尺寸

2. 标注组合体尺寸时的基本要求是（　　）。
   A. 完整　　　　　　B. 清晰　　　　　　C. 正确　　　　　　D. 以上三个都对
3. 为了避免尺寸线和尺寸界线互相交叉，应按（　　）的原则布置尺寸。
   A. 小尺寸在内　　　B. 大尺寸在内　　　C. 定位尺寸在内　　D. 定形尺寸在内
4. 标注组合体尺寸的基本方法是（　　）。
   A. 形体分析法　　　　　　　　　　　　B. 线面分析法
   C. 形体分析法和线面分析法　　　　　　D. 没有固定的方法
5. 同一个平面上，结构和尺寸相同的四个圆角，其尺寸标注正确的是（　　）。
   A. 4×R10　　　　B. 4-R10　　　　C. 4R10　　　　D. R10
6. 同一个平面上，结构和尺寸相同的四个孔，其尺寸标注正确的是（　　）。
   A. 4×ϕ10　　　B. 4-10　　　　　　C. 4ϕ10　　　　D. ϕ10
7. 组合体在长宽高三个方向上（　　）。
   A. 至少有三个基准　B. 三个基准　　　　C. 至少有两个基准　D. 两个基准
8. 表示组合体各组成部分相对位置的尺寸是（　　）。
   A. 定形尺寸　　　　B. 定位尺寸　　　　C. 总体尺寸　　　　D. 参考尺寸
9. 表示组合体各组成部分大小的尺寸（　　）。
   A. 定形尺寸　　　　B. 定位尺寸　　　　C. 总体尺寸　　　　D. 参考尺寸
10. 表示组合体外形大小的尺寸是（　　）。
    A. 定形尺寸　　　　B. 定位尺寸　　　　C. 总体尺寸　　　　D. 参考尺寸

活动二　任务实施，完成任务

根据任务要求，完成支座的三视图并标注尺寸。（10分）

活动三 实战演练，提高绘图技能

1. 看懂支架三视图，分析尺寸标注并填空。（每空 1 分，共 15 分）

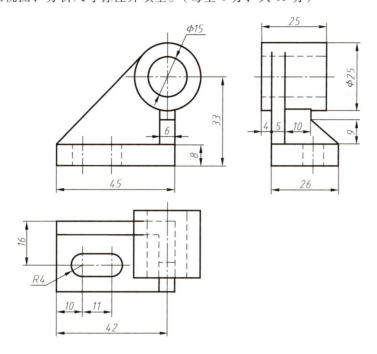

1) 圆筒的定形尺寸为 25、_____ 和 _____。
2) 圆筒的高度方向定位尺寸是 _____；宽度方向定位尺寸是 _____；长度方向定位尺寸是 _____。
3) 底板的定形尺寸为 _____、_____ 和 _____。
4) 底板上长圆孔的定形尺寸是 _____；定位尺寸是 _____、_____ 和 _____。
5) 支架的底面是 _____ 方向的尺寸基准。
6) 支架底板左侧面是 _____ 方向的尺寸基准。
7) 后支板和底板的后面是共面的，这个面是 _____ 方向的尺寸基准。

2. 标注尺寸（数值从图中量取，取整数）。

（1）（5 分） （2）（5 分）

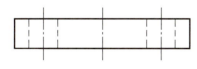

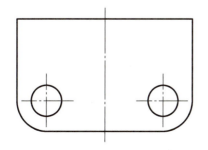

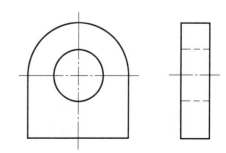

（3）（10分）

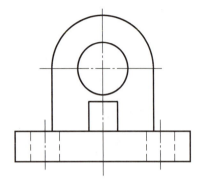
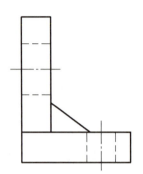
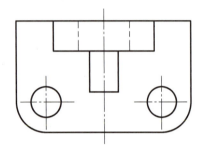

（4）（10分）

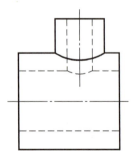
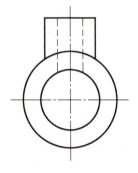
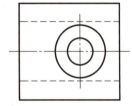

活动四　检查评价，进行自我总结

请你根据任务完成情况，进行自评、小组互评，取长补短，查找不足，完成任务总结。教师根据成绩，进行点评。

评 分 标 准

过程考核	项目名称	考核内容与要求		配分	得分		
					自评	小组互评	教师总评
课前学习 （35分）	自主预习	完成任务，并回答正确		15			
	测试任务	完成测试，并回答正确		20			
课中学习 （10分）	任务实施	图形完整、正确		4			
		尺寸标注正确合理		4			
		图样干净、整洁		2			
课后学习 （45分）	实战演练	回答正确	练习1	15			
		尺寸标注正确合理	练习2	30			
综合素质 （10分）	考勤	按时上课，不迟到、不早退		4			
	自主学习	线下、线上自主学习，分析解决问题的能力		2			
	工匠精神	敬业、精益、专注、创新等方面的工匠精神		2			
	职业道德	认真负责、踏实敬业的工作态度和严谨求实、一丝不苟的工作作风		2			
合计				100			
总分（自评占比20%，小组互评占比30%，教师评价占比50%）							

任务总结：

1. 掌握了哪些知识与技能：

2. 心得体会及经验教训：

3. 其他收获：

4. 任务未完成，未完成的原因：

教师点评：

项目三 读组合体三视图

任务 读轴承座的三视图

根据图 4-3 所示轴承座的三视图，想象出它的立体形状。

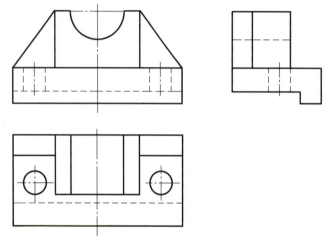

图 4-3 轴承座的三视图

活动一 接受任务，课前自主预习

请课前认真阅读教材，查阅相关书籍，通过个人学习、小组讨论，运用信息查找等方法，完成以下任务。（每题 5 分，共 15 分）

1. 请分别说明什么是形状特征视图、位置特征视图。

2. 请简要说明如何采用形体分析的方法读图。

3. 请简要说明什么是线面分析法。

预习结束，完成测试任务。

判断下图所指线框的相对位置。（每题5分，共20分）

1.

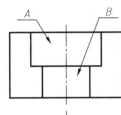

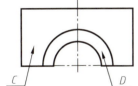

A面在B面(前、后)。
C面比D面(高、低)。

2.

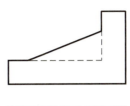 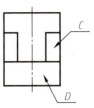

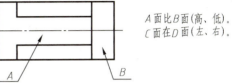

A面比B面(高、低)。
C面在D面(左、右)。

3.

A面在B面(前、后)。
C面比D面(高、低)。

4.

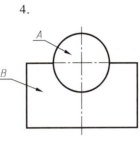 

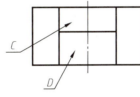

A面在B面(前、后)。
C面比D面(高、低)。
E面在F面(左、右)。

 活动二　任务实施，完成任务

根据任务要求，想象轴承座的形状。（5分）

活动三 实战演练，提高绘图技能

练习一、根据已知的两视图，构思不同形状的组合体，并画出左视图（至少画三种）。（5分）

1.

2.

3.

4.

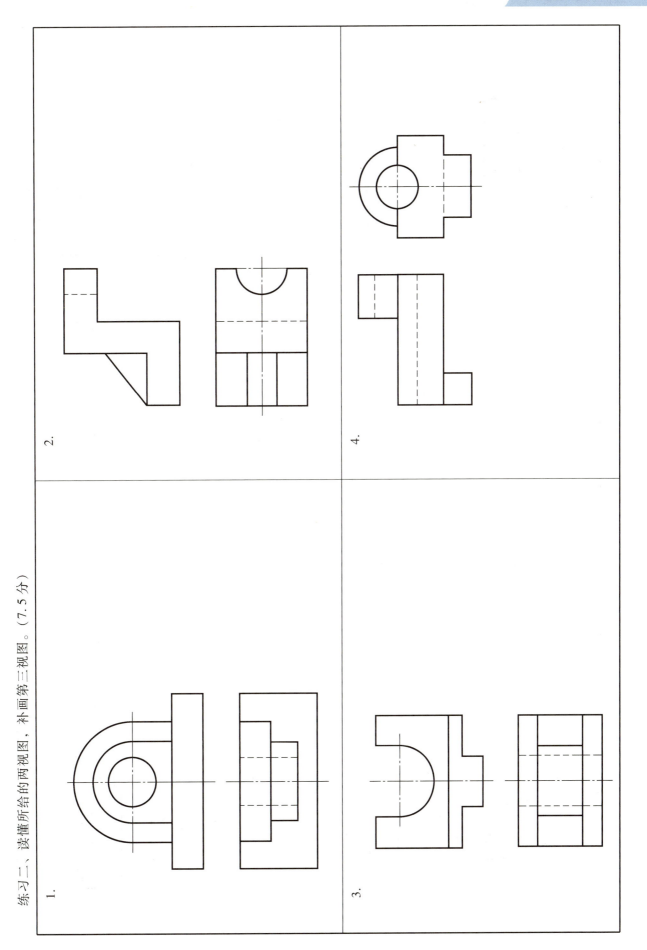

练习三、读懂所给的两视图，补画第三视图。（7.5分）

1.

2.

3.

4.

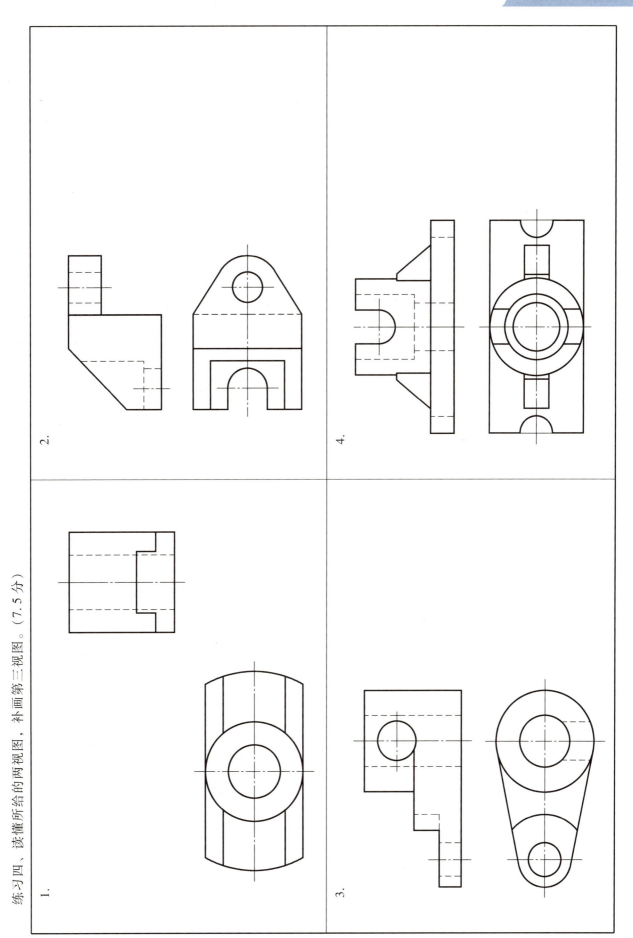

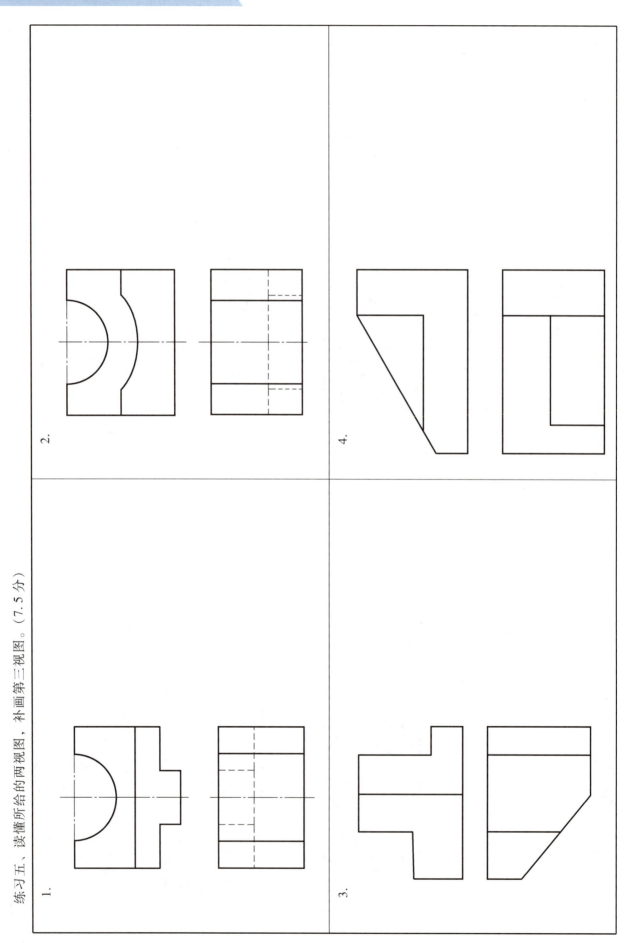

练习六、读懂所给的两视图，补画第三视图。（7.5分）

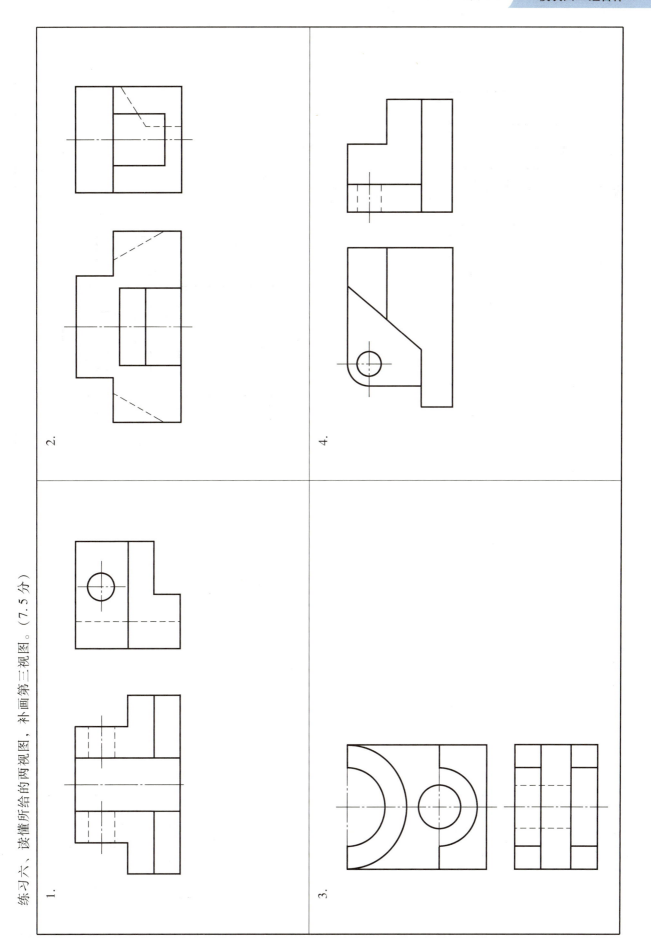

练习七、读懂所给的两视图，补画第三视图。（7.5分）

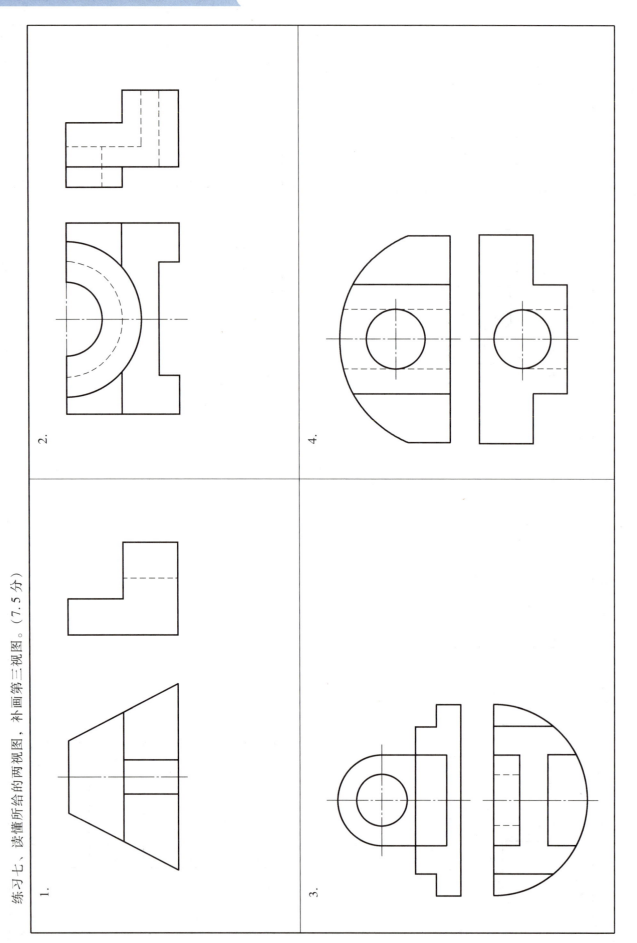

活动四　检查评价，进行自我总结

请你根据任务完成情况，进行自评、小组互评，取长补短，查找不足，完成任务总结。教师根据成绩，进行点评。

评 分 标 准

过程考核	项目名称	考核内容与要求		配分	得分		
					自评	小组互评	教师总评
课前学习 （35分）	自主预习	完成任务，并回答正确		15			
	测试任务	完成测试，并回答正确		20			
课中学习 （5分）	任务实施	能够想象出轴承座的形状		5			
课后学习 （50分）	实战演练	视图补画完整、正确；图线使用符合制图国家标准；图样干净、整洁	练习一	5			
			练习二	7.5			
			练习三	7.5			
			练习四	7.5			
			练习五	7.5			
			练习六	7.5			
			练习七	7.5			
综合素质 （10分）	考勤	按时上课，不迟到、不早退		4			
	自主学习	线下、线上自主学习，分析解决问题的能力		2			
	工匠精神	敬业、精益、专注、创新等方面的工匠精神		2			
	职业道德	认真负责、踏实敬业的工作态度和严谨求实、一丝不苟的工作作风		2			
合计				100			
总分（自评占比20%，小组互评占比30%，教师评价占比50%）							

任务总结：

1. 掌握了哪些知识与技能：

2. 心得体会及经验教训：

3. 其他收获：

4. 任务未完成，未完成的原因：

教师点评：

模块五　轴　测　图

项目一　绘制正等轴测图

任务　绘制支座的正等轴测图

根据图 5-1 所示支座的两视图，绘制其正等轴测图。

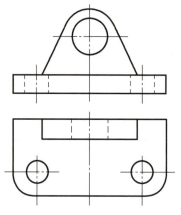

图 5-1　支座两视图

活动一　接受任务，课前自主预习

请课前认真阅读教材，查阅相关书籍，通过个人学习、小组讨论，运用信息查找等方法，完成以下任务。（每题 5 分，共 20 分）

1. 请简要说明轴测图的形成。

2. 请简要说明轴测轴和轴间角的概念。

3. 请简要说明什么是轴向伸缩系数。

4. 请简要说明轴测投影的基本特性。

预习结束，完成测试任务。

选择题（每题 1 分，共 10 分）

1. 国家标准推荐的轴测投影法为（　　）。
   A. 正轴测投影和斜轴测投影　　　　B. 正等测和正二测
   C. 正二测和斜二测　　　　　　　　D. 正等测和斜二测
2. 画正等轴测图的步骤是，先在投影图中画出物体的（　　）。
   A. 直角坐标系　　B. 坐标点　　C. 轴测轴　　D. 大致外形
3. 空间三个坐标轴在轴测投影面上轴向变形系数一样的投影，称为（　　）。
   A. 正轴测投影　　B. 斜轴测投影　　C. 正等测投影　　D. 斜二轴测投影
4. 下面关于正等轴测图叙述正确的是（　　）。
   A. 正等轴测图是正投影得到的图形　　B. 正等轴测图是斜投影得到的图形
   C. 正等轴测图是平行投影得到的图形　D. 正等轴测图是中心投影得到的图形
5. 轴测图中 X、Y、Z 方向的轴向伸缩系数分别用（　　）表示。
   A. p、q、r　　B. q、p、r　　C. r、p、q　　D. q、r、p
6. 正等轴测图的简化轴向伸缩系数是（　　）。
   A. 0.5　　B. 1　　C. 0.82　　D. 0.94
7. 正等轴测图的轴向伸缩系数是（　　）。
   A. 0.5　　B. 0.65　　C. 0.82　　D. 0.9
8. 正等轴测图的轴间角是（　　）。
   A. 120°　　B. 60°　　C. 90°　　D. 45°
9. 物体上互相平行的线段，轴测投影（　　）。
   A. 平行　　B. 垂直　　C. 倾斜　　D. 无法确定
10. 轴测图中，可见轮廓线与不可见轮廓线的画法应是（　　）。
    A. 可见部分和不可见部分都必须画出
    B. 只画出可见部分
    C. 一般只画出可见部分，必要时才画出不可见部分
    D. 不可见的部分用虚线表示

 活动二　任务实施，完成任务

根据任务要求，完成支座的正等轴测图。（10 分）

活动三　实战演练，提高绘图技能

练习一、根据已知视图，在指定位置画出正等轴测图。（每题 5 分，共 10 分）

1.

2.

练习二、根据已知视图，在指定位置画出正等轴测图。（每题 5 分，共 10 分）

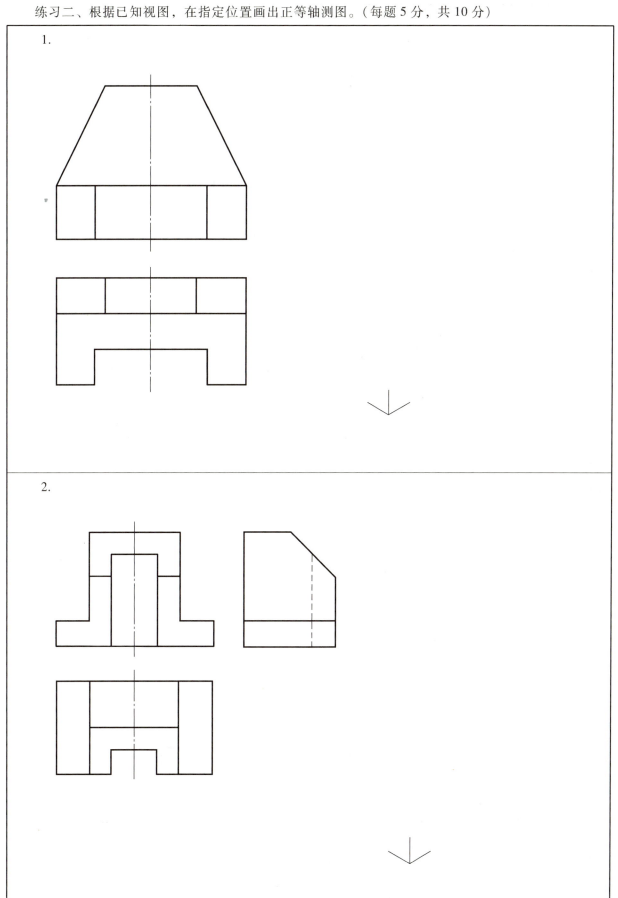

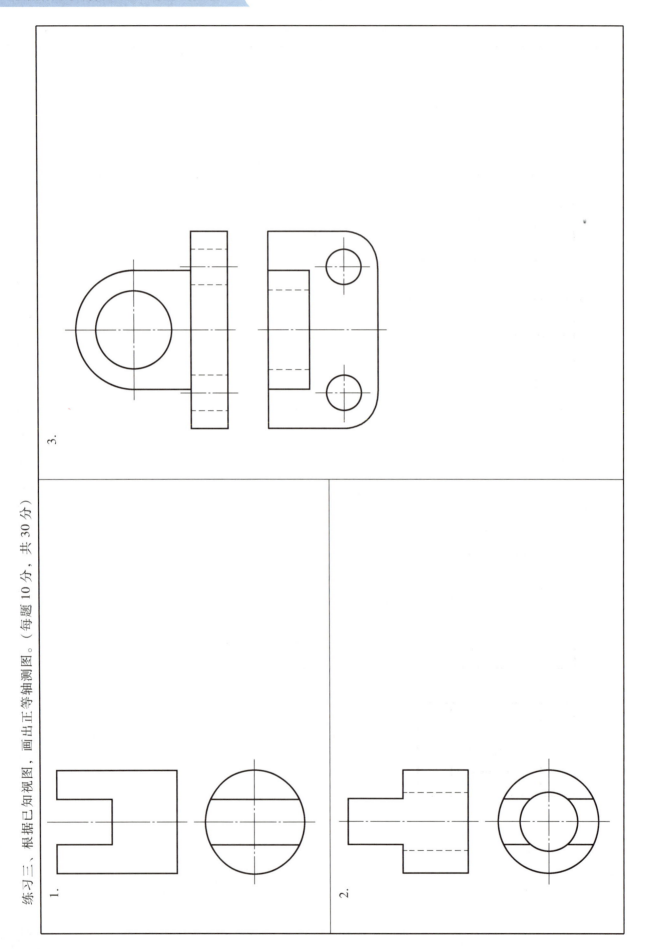

活动四　检查评价，进行自我总结

请你根据任务完成情况，进行自评、小组互评，取长补短，查找不足，完成任务总结。教师根据成绩，进行点评。

评 分 标 准

过程考核	项目名称	考核内容与要求		配分	得分		
					自评	小组互评	教师总评
课前学习（30分）	自主预习	完成任务，并回答正确		20			
	测试任务	完成测试，并回答正确		10			
课中学习（10分）	任务实施	正等轴测图绘制完整、正确		8			
		图样干净、整洁		2			
课后学习（50分）	实战演练	正等轴测图绘制完整、正确；图样干净、整洁	练习一	10			
			练习二	10			
			练习三	30			
综合素质（10分）	考勤	按时上课，不迟到、不早退		4			
	自主学习	线下、线上自主学习，分析解决问题的能力		2			
	工匠精神	敬业、精益、专注、创新等方面的工匠精神		2			
	职业道德	认真负责、踏实敬业的工作态度和严谨求实、一丝不苟的工作作风		2			
合计				100			
总分（自评占比20%，小组互评占比30%，教师评价占比50%）							

任务总结：

1. 掌握了哪些知识与技能：_____

2. 心得体会及经验教训：_____

3. 其他收获：_____

4. 任务未完成，未完成的原因：_____

教师点评：

项目二 绘制斜二等轴测图

任务 绘制形体的斜二等轴测图

根据图 5-2 所示形体的两视图，绘制其斜二等轴测图。

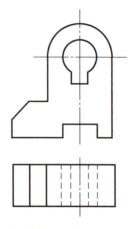

图 5-2 形体的两视图

活动一 接受任务，课前自主预习

请课前认真阅读教材，查阅相关书籍，通过个人学习、小组讨论，运用信息查找等方法，完成以下任务。（每题 10 分，共 20 分）

1. 请简要说明什么是斜二测。

2. 请分别说明斜二等轴测图的轴间角及轴向伸缩系数为多少。

预习结束，完成测试任务。

选择题（每题 2 分，共 10 分）
1. 斜二等轴测图的轴向伸缩系数是（　　）。
   A. 1，1，0.5　　　B. 1，1，1　　　C. 0.82　　　D. 0.94
2. 下面关于斜二等轴测图叙述正确的是（　　）。
   A. 斜二等轴测图是正投影得到的图形　　B. 斜二等轴测图是斜投影得到的图形
   C. 斜二等轴测图是平行投影得到的图形　　D. 斜二等轴测图是中心投影得到的图形
3. 在斜二等轴测图中，平行于两个轴的轴向伸缩系数为 1 的轴测面上的图形（　　）。
   A. 变大　　　B. 变小　　　C. 无变化　　　D. 变短
4. 在斜二等轴测图中，取两个轴向伸缩系数为 1 时，另一个轴的轴向伸缩系数为（　　）。
   A. 0.5　　　B. 0.6　　　C. 0.82　　　D. 1.22
5. 在斜轴测投影图中，两个轴向伸缩系数（　　）的轴测图，称为斜二等轴测图。
   A. 同向　　　B. 不同　　　C. 相反　　　D. 相同

活动二　任务实施，完成任务

根据任务要求，完成形体的斜二等轴测图。（10分）

 活动三　实战演练，提高绘图技能

根据已知视图，在指定位置画出斜二等轴测图。（每题25分，共50分）

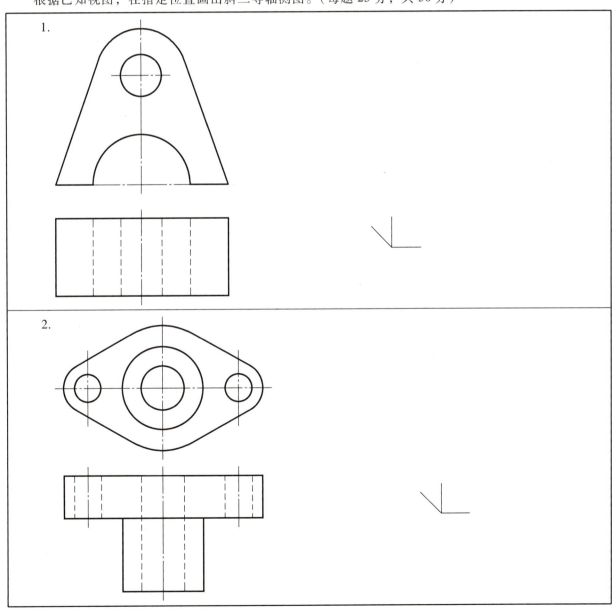

活动四 检查评价，进行自我总结

请你根据任务完成情况，进行自评、小组互评，取长补短，查找不足，完成任务总结。教师根据成绩，进行点评。

评 分 标 准

过程考核	项目名称	考核内容与要求		配分	得分		
					自评	小组互评	教师总评
课前学习 （30分）	自主预习	完成任务，并回答正确		20			
	测试任务	完成测试，并回答正确		10			
课中学习 （10分）	任务实施	斜二等轴测图绘制完整、正确		8			
		图样干净、整洁		2			
课后学习 （50分）	实战演练	斜二等轴测图绘制完整、正确；图样干净、整洁	练习1	25			
			练习2	25			
综合素质 （10分）	考勤	按时上课，不迟到、不早退		4			
	自主学习	线下、线上自主学习，分析解决问题的能力		2			
	工匠精神	敬业、精益、专注、创新等方面的工匠精神		2			
	职业道德	认真负责、踏实敬业的工作态度和严谨求实、一丝不苟的工作作风		2			
合计				100			
总分（自评占比20%，小组互评占比30%，教师评价占比50%）							

任务总结：

1. 掌握了哪些知识与技能：

2. 心得体会及经验教训：

3. 其他收获：

4. 任务未完成，未完成的原因：

教师点评：

项目三　绘制轴测草图

任务　绘制螺栓毛坯的正等轴测图草图

绘制图 5-3 所示螺栓毛坯的正等轴测图草图。

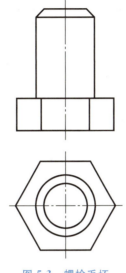

图 5-3　螺栓毛坯

活动一　接受任务，课前自主预习

请课前认真阅读教材，查阅相关书籍，通过个人学习、小组讨论，运用信息查找等方法，完成以下任务。

1. 徒手绘制 5 等分线段。（5 分）

2. 徒手绘制 30°、45°、60°等常见角度斜线。（5 分）

3. 徒手绘制圆和椭圆。（10 分）

预习结束，完成测试任务。

徒手绘制正等轴测图。（每题10分，共20分）

1.
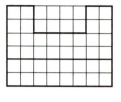

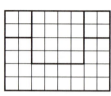 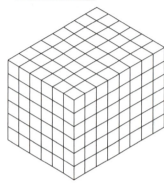

2.
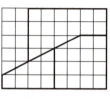

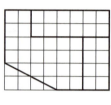 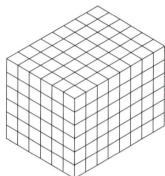

 活动二　任务实施，完成任务

根据任务要求，完成螺栓毛坯的正等轴测图草图。（10分）

活动三　实战演练，提高绘图技能

1. 徒手绘制正等轴测图。（20分）

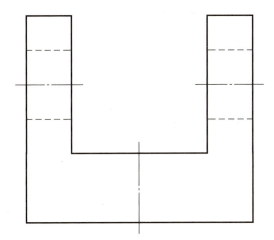
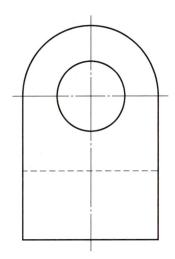

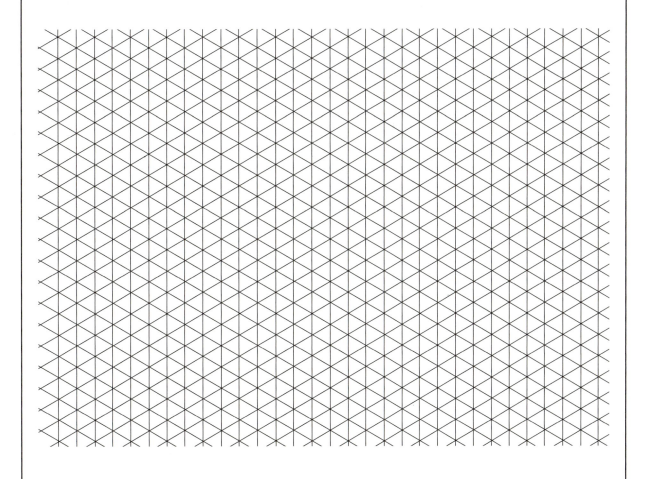

2. 徒手绘制斜二等轴测图。(20分)

活动四　检查评价，进行自我总结

请你根据任务完成情况，进行自评、小组互评，取长补短，查找不足，完成任务总结。教师根据成绩，进行点评。

评 分 标 准

过程考核	项目名称	考核内容与要求		配分	得分		
					自评	小组互评	教师总评
课前学习 （40分）	自主预习	完成任务,图形绘制正确		20			
	测试任务	完成测试,图形绘制正确		20			
课中学习 （10分）	任务实施	草图绘制正确、规范		8			
		图样干净、整洁		2			
课后学习 （40分）	实战演练	草图绘制正确、规范；图样干净、整洁	练习1	20			
			练习2	20			
综合素质 （10分）	考勤	按时上课,不迟到、不早退		4			
	自主学习	线下、线上自主学习,分析解决问题的能力		2			
	工匠精神	敬业、精益、专注、创新等方面的工匠精神		2			
	职业道德	认真负责、踏实敬业的工作态度和严谨求实、一丝不苟的工作作风		2			
合计				100			
总分（自评占比20%,小组互评占比30%,教师评价占比50%）							

任务总结：

1. 掌握了哪些知识与技能：

2. 心得体会及经验教训：

3. 其他收获：

4. 任务未完成，未完成的原因：

教师点评：

模块六 机械图样的表达方法

项目一 视 图

任务 完成压紧杆的视图表达

请用合理的表达方式,将图 6-1 所示某企业生产的压紧杆的外部形状结构表达清楚。

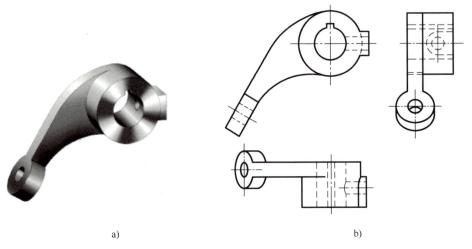

a)   b)

图 6-1 压紧杆

活动一 接受任务,课前自主预习

请课前认真阅读教材,查阅相关书籍,通过个人学习、小组讨论,运用信息查找等方法,完成以下任务。(每题 5 分,共 20 分)

1. 请简要说明什么是基本视图,基本视图包括哪几个视图。

2. 请简要说明什么是向视图。

3. 请简要说明什么是局部视图。

4. 请简要说明什么是斜视图。

预习结束，完成测试任务。

选择题（每题2分，共20分）

1. 关于基本视图的标记叙述正确的是（　　）。
   A. 必须标记　　　B. 不用标记　　　C. 可以标记也可以不标记　　　D. 必要时标记
2. 下面关于基本视图叙述正确的是（　　）。
   A. 投影面为基本投影面　　　　　　B. 投射方向为基本投射方向
   C. 按六个基本视图展开位置配置视图　D. 以上三个都对
3. 基本视图中，除后视图外，各视图靠近主视图的一边表示机件的（　　）。
   A. 前方　　　　B. 后方　　　　C. 上方　　　　D. 下方
4. 关于向视图的标记叙述正确的是（　　）。
   A. 必须标记　　　B. 不用标记　　　C. 可以标记也可以不标记　　　D. 必要时标记
5. 下面关于向视图叙述正确的是（　　）。
   A. 投影面为基本投影面　　　　　　B. 投射方向为基本投射方向
   C. 按六个基本视图展开位置配置视图　D. 前两个答案正确，第三个答案错误
6. 关于局部视图的标记叙述正确的是（　　）。
   A. 必须标记　　　B. 不用标记　　　C. 可以标记也可以不标记　　　D. 必要时标记
7. 下面关于局部视图叙述正确的是（　　）。
   A. 投影面为基本投影面　　　　　　B. 投射方向为基本投射方向
   C. 可以自由配置视图　　　　　　　D. 以上三个都对
8. 将机件的某一部分向（　　）投影面投影所得的视图，称为局部视图。
   A. 基本　　　　B. 水平　　　　C. 正　　　　　D. 斜
9. 关于斜视图的标记叙述正确的是（　　）。
   A. 必须标记　　　B. 不用标记　　　C. 可以标记也可以不标记　　　D. 必要时标记
10. 斜视图一般按投影关系配置，必要时，允许将斜视图（　　）配置。
    A. 平行　　　　B. 垂直　　　　C. 倾斜　　　　D. 旋转

活动二　任务实施，完成任务

根据任务要求，完成压紧杆的外部形状结构的表达。（10分）

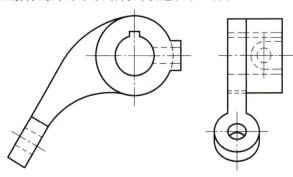

活动三 实战演练,提高绘图技能

1. 根据主、俯、左视图,补画其余三个基本视图。(10分)

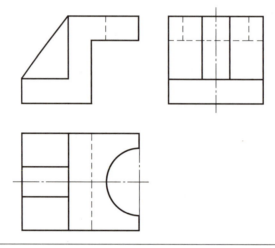

2. 根据三个基本视图,按图中箭头所指补画三个向视图。(10分)

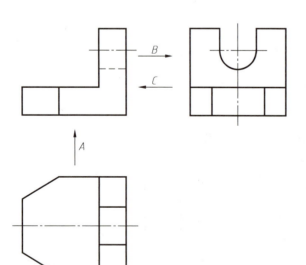

3. 作 A 向和 B 向的局部视图。(10 分)

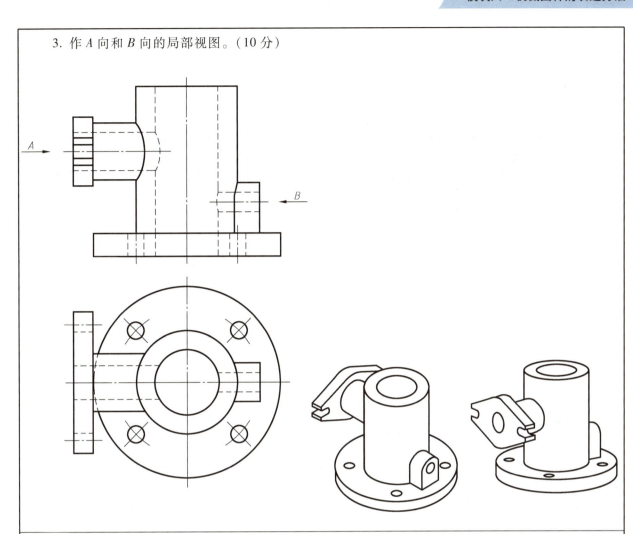

4. 根据已知视图,画出 A 向斜视图和 B 向局部视图。(10 分)

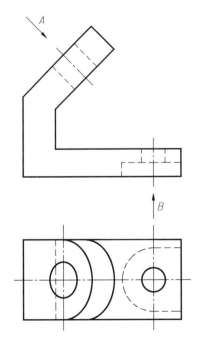

活动四　检查评价，进行自我总结

请你根据任务完成情况，进行自评、小组互评，取长补短，查找不足，完成任务总结。教师根据成绩，进行点评。

评 分 标 准

过程考核	项目名称	考核内容与要求		配分	得分		
					自评	小组互评	教师总评
课前学习 （40分）	自主预习	完成任务，并回答正确		20			
	测试任务	完成测试，并回答正确		20			
课中学习 （10分）	任务实施	视图表达方式合理，图形绘制正确		6			
		图线使用符合制图国家标准		2			
		图样干净、整洁		2			
课后学习 （40分）	实战演练	基本视图绘制正确	练习1	10			
		向视图绘制正确	练习2	10			
		局部视图绘制正确	练习3	10			
		斜视图绘制正确	练习4	10			
综合素质 （10分）	考勤	按时上课，不迟到、不早退		4			
	自主学习	线下、线上自主学习，分析解决问题的能力		2			
	工匠精神	敬业、精益、专注、创新等方面的工匠精神		2			
	职业道德	认真负责、踏实敬业的工作态度和严谨求实、一丝不苟的工作作风		2			
合计				100			
总分（自评占比20%，小组互评占比30%，教师评价占比50%）							

任务总结：

1. 掌握了哪些知识与技能：

2. 心得体会及经验教训：

3. 其他收获：

4. 任务未完成，未完成的原因：

教师点评：

项目二　绘制剖视图

任务一　绘制机件的全剖视图

如图 6-2 所示，按照国家标准规定，用合理的剖切形式将该机件的内部结构表达清楚。

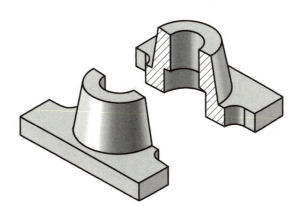

图 6-2　机件

✎ 活动一　接受任务，课前自主预习

请课前认真阅读教材，查阅相关书籍，通过个人学习、小组讨论，运用信息查找等方法，完成以下任务。（每题 5 分，共 15 分）

1. 请简要说明剖视图的形成。

2. 请分别说明什么是剖面区域和剖面线。

3. 请简要说明什么是全剖视图，以及全剖视图的适用范围。

预习结束，完成测试任务。

选择题（每题 2 分，共 20 分）

1. 剖视图中金属材料用剖面线表示，剖面线正确的画法是（　　）。
   A. 45°间隔均匀的，平行的细实线　　B. 30°间隔均匀的，平行的细实线
   C. 任意方向的，平行的细实线　　　D. 45°间隔均匀的，平行的粗实线

2. 如果物体的外形简单，内形复杂并且不对称且需表达，常用的表达方法是（　　）。
   A. 全剖视图　　B. 半剖视图　　C. 局部剖视图　　D. 断面图

3. 在剖视图中用以表示剖切平面位置的符号是（　　）。

　A. 粗短线　　　　　B. 粗长线　　　　　C. 细短线　　　　　D. 细长线

4. 国家标准规定：表示金属零件的剖面线最好与主要轮廓成（　　）。

　A. 30°　　　　　　B. 45°　　　　　　C. 60°　　　　　　D. 90°

5. 同一机件所画剖面线方向和间隔必须（　　）。

　A. 不同　　　　　　B. 相反　　　　　　C. 一致　　　　　　D. 适合

6. 剖切平面后面可见轮廓线的投影需要用（　　）。

　A. 粗实线　　　　　B. 细实线　　　　　C. 细点画线　　　　D. 虚线

7. 按国家标准规定，需要在剖面区域内画出（　　）。

　A. 细实线　　　　　B. 斜线　　　　　　C. 阴影线　　　　　D. 剖面符号

8. 当剖视图按投影关系配置，中间又没有其他图形隔开时，可省略（　　）。

　A. 箭头　　　　　　B. 标注　　　　　　C. 名称　　　　　　D. 剖面符号

9. 剖视只是假想把机件切开，因此在表达机件结构的一组视图中，除剖视图外，其他视图仍（　　）地画出。

　A. 局部　　　　　　B. 剖开　　　　　　C. 完整　　　　　　D. 垂直

10. 关于剖视图的标记叙述正确的是（　　）。

　A. 必须标记　　　　　　　　　　　　　B. 不用标记

　C. 可以标记也可以不标记　　　　　　　D. 必要时标记

 活动二　任务实施，完成任务

根据任务要求，完成机件全剖视图的绘制。（15分）

模块六 机械图样的表达方法

活动三 实战演练，提高绘图技能

练习一（每题 4 分，共 16 分）

1. 分析视图中的错误，在指定位置画出正确的剖视图。

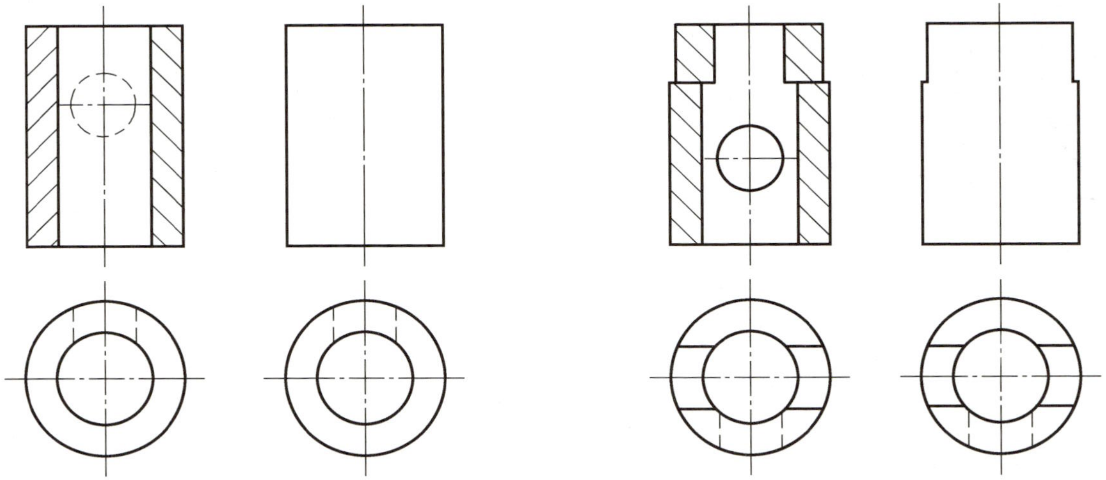

2. 补全剖视图中的漏线。

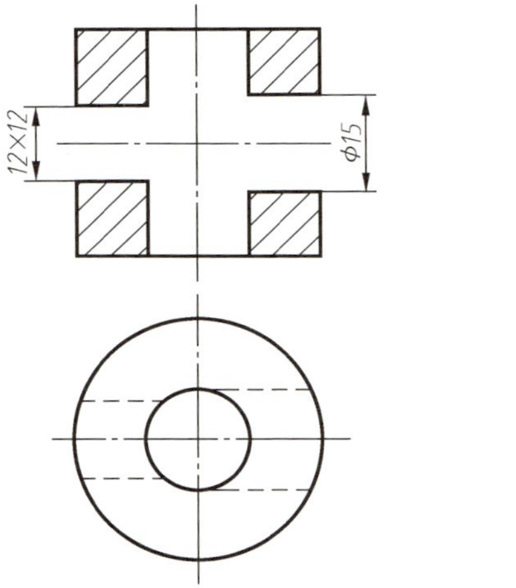

3. 补全剖视图中的漏线。

4. 补全剖视图中的漏线。

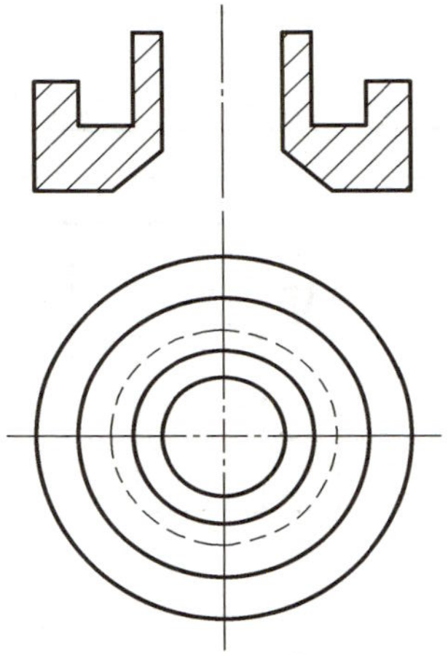

练习二（每题4分，共8分）

1. 看懂视图，将主视图改画成全剖视图。

2. 看懂视图，将主视图改画成全剖视图。

练习三（每题 4 分，共 8 分）

1. 看懂视图，将主视图改画成全剖视图。

2. 看懂视图，将主视图改画成全剖视图。

练习四（每题4分，共8分）

1. 画出 A—A 全剖视图。

2. 画出 C—C 全剖视图。

活动四　检查评价，进行自我总结

请你根据任务完成情况，进行自评、小组互评，取长补短，查找不足，完成任务总结。教师根据成绩，进行点评。

评 分 标 准

过程考核	项目名称	考核内容与要求		配分	得分		
					自评	小组互评	教师总评
课前学习 （35分）	自主预习	完成任务，并回答正确		15			
	测试任务	完成测试，并回答正确		20			
课中学习 （15分）	任务实施	剖面区域绘制正确		8			
		剖面线绘制正确		5			
		图样干净、整洁		2			
课后学习 （40分）	实战演练	图形修改正确；漏线补充完整	练习一	16			
		全剖视图绘制正确；图线使用符合制图国家标准；图样干净、整洁	练习二	8			
			练习三	8			
			练习四	8			
综合素质 （10分）	考勤	按时上课，不迟到、不早退		4			
	自主学习	线下、线上自主学习，分析解决问题的能力		2			
	工匠精神	敬业、精益、专注、创新等方面的工匠精神		2			
	职业道德	认真负责、踏实敬业的工作态度和严谨求实、一丝不苟的工作作风		2			
	合计			100			
总分（自评占比20%，小组互评占比30%，教师评价占比50%）							

任务总结：

1. 掌握了哪些知识与技能：

2. 心得体会及经验教训：

3. 其他收获：

4. 任务未完成，未完成的原因：

教师点评：

任务二 绘制机件的半剖视图

如图6-3所示，按照国家标准规定，用合理的剖切形式将该机件的外部、内部结构表达清楚。

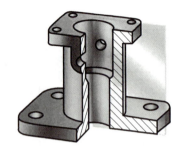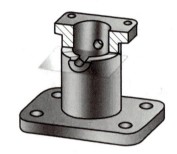

图6-3 机件

活动一 接受任务，课前自主预习

请课前认真阅读教材，查阅相关书籍，通过个人学习、小组讨论，运用信息查找等方法，完成以下任务。（10分）

请简要说明什么是半剖视图，以及半剖视图的适用范围。

_____

_____

_____

预习结束，完成测试任务。

选择题（每题2分，共8分）

1. 以对称中心线为界，一半画成剖视图，另一半画成视图，这样的图形称为（　　）。
   A. 全剖视图　　　　B. 半剖视图　　　　C. 局部剖视图　　　　D. 视图
2. 在半剖视图中，剖视图部分与视图部分的分界线是（　　）。
   A. 细点画线　　　　B. 粗实线　　　　C. 细双点画线　　　　D. 细实线
3. 画半剖视图时，在表示外形的半个视图中，虚线（　　）。
   A. 一般不画　　　　B. 随意画　　　　C. 必须画出　　　　D. 一般要画
4. 半剖视图适用于（　　）。
   A. 外形简单内形复杂的不对称机件　　　　B. 外形复杂内形简单的不对称机件
   C. 内、外形都简单基本对称机件　　　　D. 内、外形都比较复杂的对称机件

活动二 任务实施，完成任务

根据任务要求，完成机件半剖视图的绘制。（12分）

模块六 机械图样的表达方法

活动三 实战演练，提高绘图技能

练习一（1、2题各10分，3题20分，共40分）

1. 补画半剖视图中的漏线。

2. 补画半剖视图中的漏线。

3. 将主视图改画为半剖视图，并画出全剖左视图。

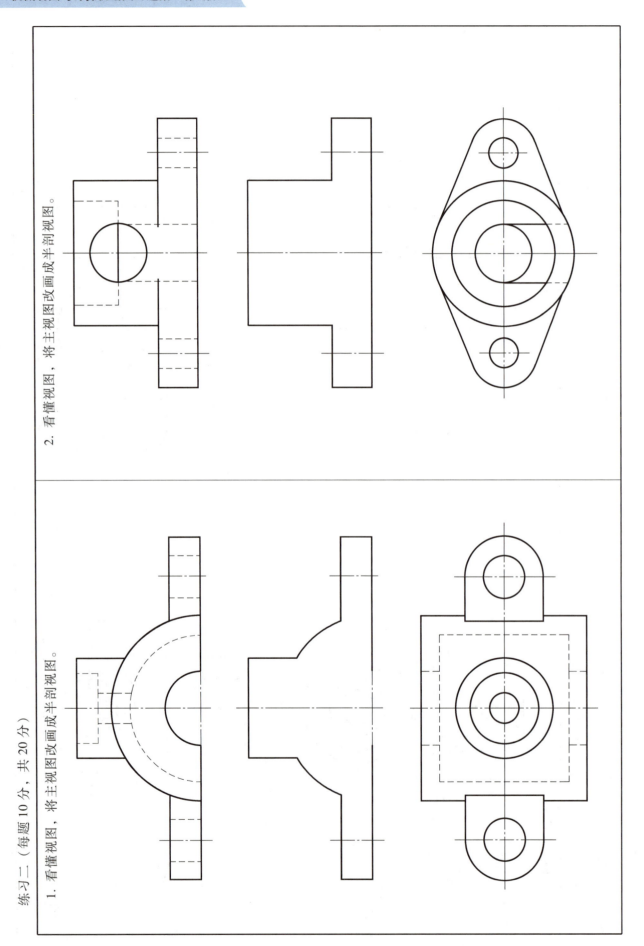

活动四　检查评价，进行自我总结

请你根据任务完成情况，进行自评、小组互评，取长补短，查找不足，完成任务总结。教师根据成绩，进行点评。

评 分 标 准

过程考核	项目名称	考核内容与要求		配分	得分		
					自评	小组互评	教师总评
课前学习 （18分）	自主预习	完成任务，并回答正确		10			
	测试任务	完成测试，并回答正确		8			
课中学习 （12分）	任务实施	剖切方式合理		2			
		半剖视图绘制正确		8			
		图样干净、整洁		2			
课后学习 （60分）	实战演练	漏线补充完整；剖视图绘制正确	练习一	40			
		半剖视图绘制正确；图线使用符合制图国家标准；图样干净、整洁	练习二	20			
综合素质 （10分）	考勤	按时上课，不迟到、不早退		4			
	自主学习	线下、线上自主学习，分析解决问题的能力		2			
	工匠精神	敬业、精益、专注、创新等方面的工匠精神		2			
	职业道德	认真负责、踏实敬业的工作态度和严谨求实、一丝不苟的工作作风		2			
合计				100			
总分（自评占比20%，小组互评占比30%，教师评价占比50%）							

任务总结：

1. 掌握了哪些知识与技能：

2. 心得体会及经验教训：

3. 其他收获：

4. 任务未完成，未完成的原因：

教师点评：

任务三　绘制机件的局部剖视图

如图 6-4 所示，按照国家标准规定，用合理的剖切形式将该机件的外部、内部结构表达清楚。

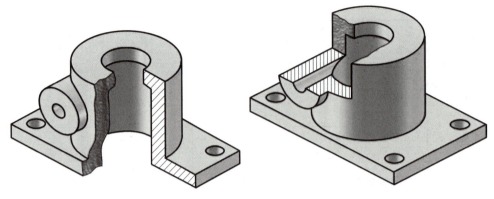

图 6-4　机件

 活动一　接受任务，课前自主预习

请课前认真阅读教材，查阅相关书籍，通过个人学习、小组讨论，运用信息查找等方法，完成以下任务。（10 分）

请简要说明什么是局部剖视图，以及局部剖视图的适用范围。

_____

_____

预习结束，完成测试任务。

选择题（每题 2 分，共 4 分）

1. 局部剖视图中，剖与不剖部分常以波浪线分界，如遇孔、槽时，波浪线（　　）穿空而过。
   A. 不能　　　　B. 允许　　　　C. 有时　　　　D. 可以

2. 局部剖视图中，剖与不剖部分常以波浪线分界，波浪线（　　）超出视图的轮廓线。
   A. 可以　　　　B. 不能　　　　C. 有时　　　　D. 能

 活动二　任务实施，完成任务

根据任务要求，完成机件局部剖视图的绘制。（16 分）

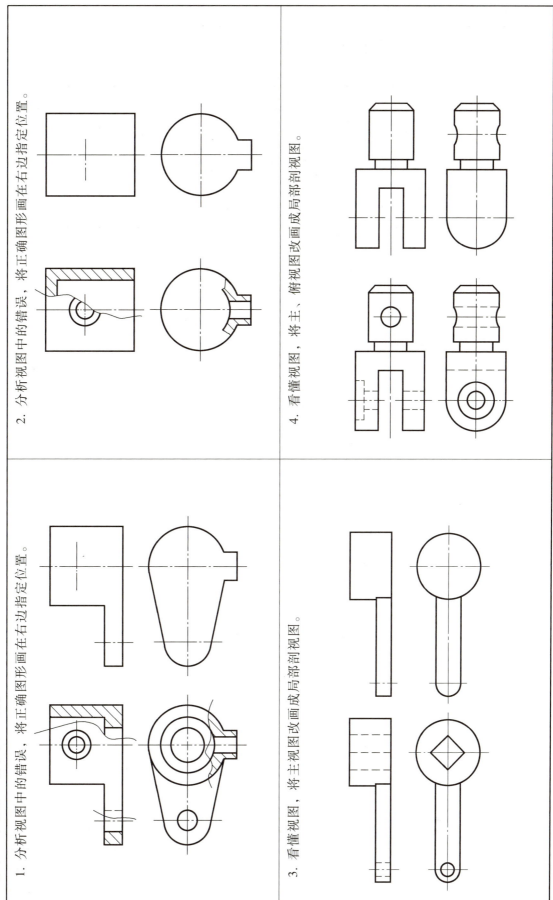

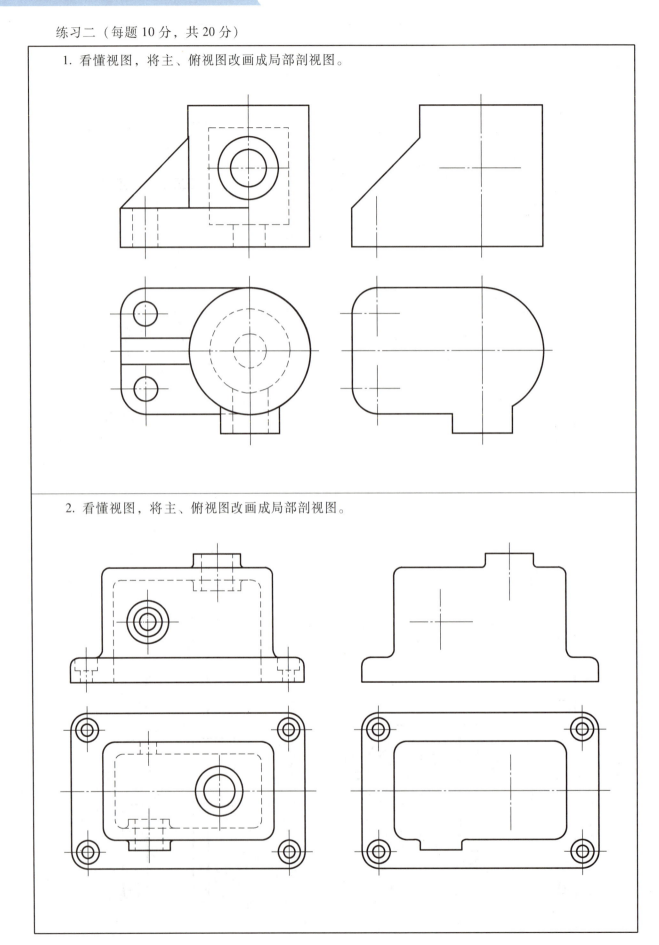

活动四　检查评价，进行自我总结

请你根据任务完成情况，进行自评、小组互评，取长补短，查找不足，完成任务总结。教师根据成绩，进行点评。

评 分 标 准

过程考核	项目名称	考核内容与要求		配分	得分		
					自评	小组互评	教师总评
课前学习 （14分）	自主预习	完成任务，并回答正确		10			
	测试任务	完成测试，并回答正确		4			
课中学习 （16分）	任务实施	剖切方式合理		4			
		局部剖视图绘制正确		10			
		图样干净、整洁		2			
课后学习 （60分）	实战演练	视图修改正确；局部剖视图绘制正确	练习一	40			
		局部剖视图绘制正确；图线使用符合制图国家标准；图样干净、整洁	练习二	20			
综合素质 （10分）	考勤	按时上课，不迟到、不早退		4			
	自主学习	线下、线上自主学习，分析解决问题的能力		2			
	工匠精神	敬业、精益、专注、创新等方面的工匠精神		2			
	职业道德	认真负责、踏实敬业的工作态度和严谨求实、一丝不苟的工作作风		2			
合计				100			
总分（自评占比20%，小组互评占比30%，教师评价占比50%）							

任务总结：

1. 掌握了哪些知识与技能：

2. 心得体会及经验教训：

3. 其他收获：

4. 任务未完成，未完成的原因：

教师点评：

任务四　绘制机件的剖视图

如图 6-5 所示，按照国家标准规定，用合理的剖切形式将该机件的外部、内部结构表达清楚。

图 6-5　机件

 活动一　接受任务，课前自主预习

请课前认真阅读教材，查阅相关书籍，通过个人学习、小组讨论，运用信息查找等方法，完成以下任务。（10 分）

请简要说明剖切面的种类。

_____

_____

预习结束，完成测试任务。

选择题（每题 2 分，共 10 分）

1. 用（　　）于任何基本投影面的剖切平面剖开机件的方法称为斜剖视图。
   A. 倾斜　　　　　B. 平行　　　　　C. 不平行　　　　　D. 垂直
2. 用几个平行的剖切平面剖切机件画剖视图时，（　　）出现不完整的结构要素。
   A. 允许　　　　　B. 必须　　　　　C. 不应　　　　　D. 可以
3. 当机件上的孔、槽的轴线位于几个相互平行的平面上时，常用的剖切平面是（　　）。
   A. 单一正平面　　B. 几个相交的平面　C. 几个平行的平面　D. 单一水平面
4. 用两个相交的剖切平面假想将机件剖开，画剖视图时，将被剖切平面剖开的结构及其有关部分旋转到与选定的投影面（　　）后，再进行投影。
   A. 相交　　　　　B. 平行　　　　　C. 垂直　　　　　D. 倾斜
5. 关于用两个相交的剖切平面剖切机件的标记叙述正确的是（　　）。
   A. 必须标记　　　B. 不用标记　　　C. 可以标记也可以不标记　D. 必要时标记

 活动二　任务实施，完成任务

根据任务要求，完成机件剖视图的绘制。（10 分）

活动三 实战演练，提高绘图技能

练习一（每题 7.5 分，共 15 分）

1. 在指定位置画出 A—A 全剖视图。

2. 在指定位置画出 A—A 全剖视图。

练习二(每题 7.5 分,共 15 分)

1. 用几个平行的剖切平面剖开机件,并将主视图改画成全剖视图。

2. 用几个平行的剖切平面剖开机件,并将主视图改画成全剖视图。

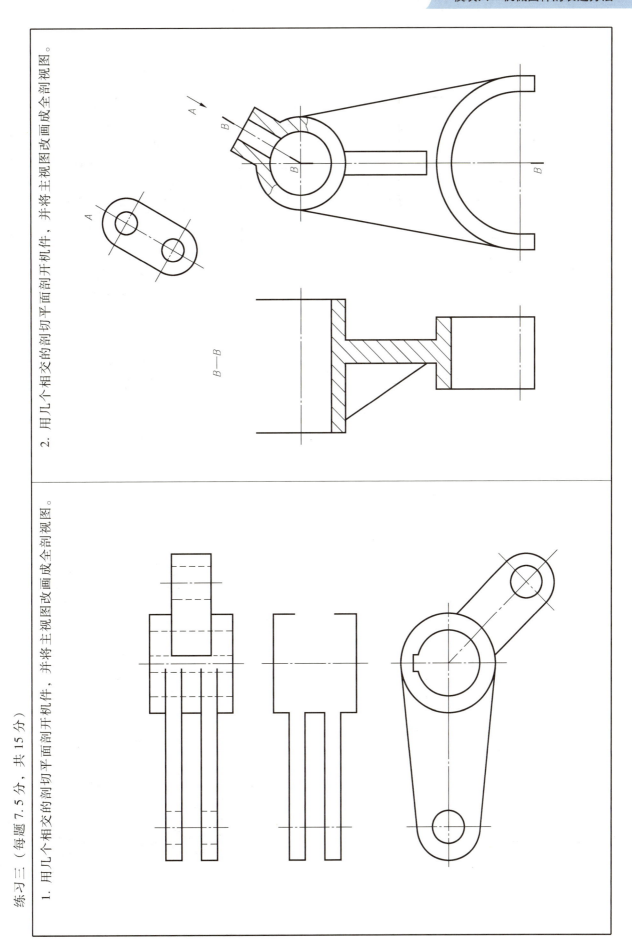

练习四（每题7.5分，共15分）

1. 在指定位置画出 A—A 全剖视图。

A—A

2. 在指定位置画出 A—A 全剖视图。

A—A

活动四　检查评价，进行自我总结

请你根据任务完成情况，进行自评、小组互评，取长补短，查找不足，完成任务总结。教师根据成绩，进行点评。

评 分 标 准

过程考核	项目名称	考核内容与要求		配分	得分		
					自评	小组互评	教师总评
课前学习（20分）	自主预习	完成任务,并回答正确		10			
	测试任务	完成测试,并回答正确		10			
课中学习（10分）	任务实施	剖切方式合理		2			
		剖视图绘制正确		6			
		图样干净、整洁		2			
课后学习（60分）	实战演练	斜剖视图绘制正确	练习一	15			
		阶梯剖视图绘制正确	练习二	15			
		旋转剖视图绘制正确	练习三	15			
		复合剖视图绘制正确	练习四	15			
综合素质（10分）	考勤	按时上课,不迟到、不早退		4			
	自主学习	线下、线上自主学习,分析解决问题的能力		2			
	工匠精神	敬业、精益、专注、创新等方面的工匠精神		2			
	职业道德	认真负责、踏实敬业的工作态度和严谨求实、一丝不苟的工作作风		2			
合计				100			
总分（自评占比20%，小组互评占比30%，教师评价占比50%）							

任务总结：

1. 掌握了哪些知识与技能：

2. 心得体会及经验教训：

3. 其他收获：

4. 任务未完成，未完成的原因：

教师点评：

项目三 绘制断面图

任务 绘制轴的移出断面图

如图 6-6 所示，按照制图国家标准规定，用合理的表达形式将该轴的结构表达清楚。

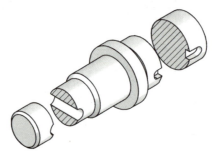

图 6-6 轴

活动一 接受任务，课前自主预习

请课前认真阅读教材，查阅相关书籍，通过个人学习、小组讨论，运用信息查找等方法，完成以下任务。（每题 5 分，共 20 分）

1. 请简要说明什么是断面图。

2. 请简要说明断面图与剖视图的区别。

3. 请简要说明什么是移出断面图。

4. 请简要说明什么是重合断面图。

预习结束，完成测试任务。

选择题（每题 2 分，共 10 分）

1. 移出断面图的轮廓线用（　　）绘制。
   A. 粗实线　　　　B. 细实线　　　　C. 细点画线　　　　D. 细虚线
2. 画移出断面图时，当剖切平面通过（　　）面形成的孔或凹坑的轴线时，这些结构应按剖视图绘制。
   A. 球面　　　　B. 平面　　　　C. 曲面　　　　D. 回转
3. 由两个或多个相交的剖切平面得到的移出断面图，中间一般用（　　）断开。
   A. 粗实线　　　　B. 细实线　　　　C. 波浪线　　　　D. 细虚线
4. 重合断面图的轮廓线用（　　）绘制。
   A. 粗实线　　　　B. 细实线　　　　C. 细点画线　　　　D. 细虚线

5. 对称的重合断面图（　　）标注。
A. 不必　　　　　　B. 必须　　　　　　C. 必要时　　　　　　D. 随便

 活动二　任务实施，完成任务

根据任务要求，完成断面图的绘制。（10分）

 活动三　实战演练，提高绘图技能

1. 在指定位置画出轴的移出断面图（左端键槽的深度为5mm，右端键槽的深度为4mm）。（20分）

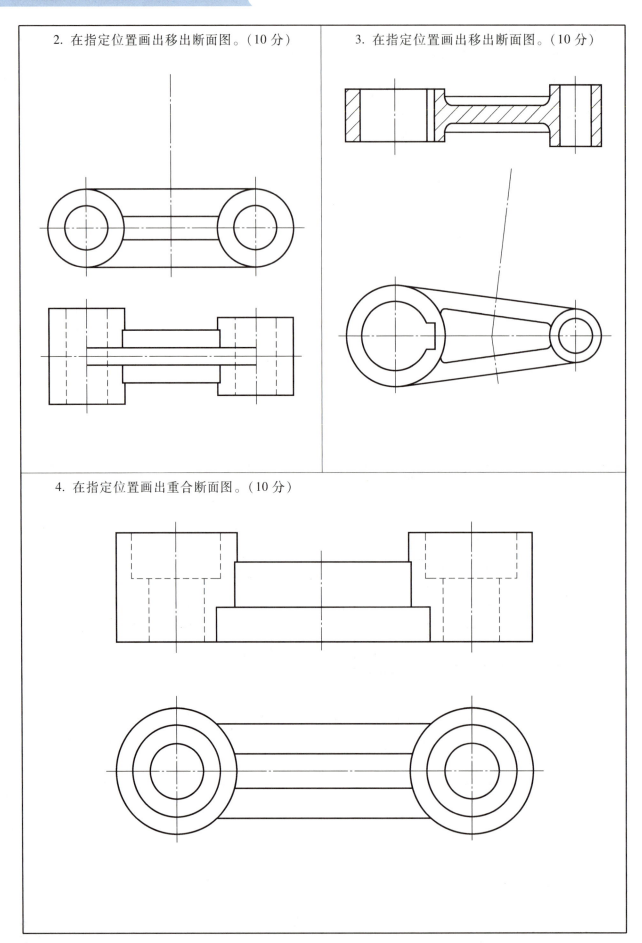

活动四　检查评价，进行自我总结

请你根据任务完成情况，进行自评、小组互评，取长补短，查找不足，完成任务总结。教师根据成绩，进行点评。

评 分 标 准

过程考核	项目名称	考核内容与要求		配分	得分		
					自评	小组互评	教师总评
课前学习（30分）	自主预习	完成任务，并回答正确		20			
	测试任务	完成测试，并回答正确		10			
课中学习（10分）	任务实施	移出断面图绘制正确		6			
		图线使用符合制图国家标准		2			
		图样干净、整洁		2			
课后学习（50分）	实战演练	移出断面图绘制正确；图线使用符合制图国家标准；图样干净、整洁	练习1	20			
			练习2	10			
			练习3	10			
		重合断面图绘制正确	练习4	10			
综合素质（10分）	考勤	按时上课，不迟到、不早退		4			
	自主学习	线下、线上自主学习，分析解决问题的能力		2			
	工匠精神	敬业、精益、专注、创新等方面的工匠精神		2			
	职业道德	认真负责、踏实敬业的工作态度和严谨求实、一丝不苟的工作作风		2			
合计				100			
总分（自评占比20%，小组互评占比30%，教师评价占比50%）							

任务总结：

1. 掌握了哪些知识与技能：

2. 心得体会及经验教训：

3. 其他收获：

4. 任务未完成，未完成的原因：

教师点评：

项目四　其他表达方法

任务　绘制轴的局部放大图

图 6-7 所示为轴的视图，其键槽、孔等结构通过断面图已表达清楚，按照国家标准规定，用合理的表达形式将该轴的细小特征表达清楚。

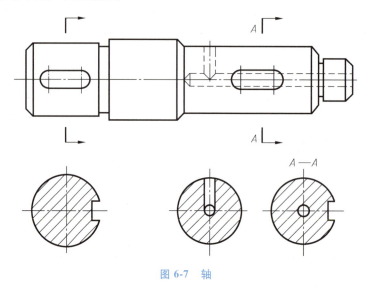

图 6-7　轴

活动一　接受任务，课前自主预习

请课前认真阅读教材，查阅相关书籍，通过个人学习、小组讨论，运用信息查找等方法，完成以下任务。（10分）

请简要说明什么是局部放大图。

_____

_____

预习结束，完成测试任务。

选择题（每题 2 分，共 20 分）

1. 局部放大图的编号和比例标注在放大图的（　　）。
   A. 上方　　　　B. 下方　　　　C. 上方和下方均可　　　　D. 以上三个答案都不对
2. 局部放大图的编号用（　　）。
   A. 罗马数字　　B. 阿拉伯数字　　C. 拉丁字母　　　　D. 以上三个答案都对
3. 在局部放大图标注时，用（　　）圆或长圆将待放大的局部圈起来。
   A. 粗实线　　　B. 细实线　　　C. 细点画线　　　　D. 细虚线
4. 同一机件上不同部位的局部放大图，当图形相同或对称时，只需画出（　　）。
   A. 一个　　　　B. 两个　　　　C. 三个　　　　　　D. 四个
5. 对于机件上的肋、轮辐和薄壁等结构，当剖切面沿纵向（通过轮辐、肋等的轴线或对称平面）剖切时，规定在这些结构的截断面上不画剖面符号，但必须用（　　）将它与邻接部分分开。
   A. 粗实线　　　B. 细实线　　　C. 细点画线　　　　D. 细虚线

6. 与投影面倾斜角度小于或等于（   ）的圆或圆弧，其投影可以用圆或圆弧代替真实投影的椭圆。

    A. 15°   B. 30°   C. 45°   D. 60°

7. 在不致引起误解时，对于对称机件的视图可只画一半或四分之一，并在对称中心线的两端画出两条与其垂直的平行（   ）。

    A. 粗实线   B. 细实线   C. 细点画线   D. 细虚线

8. 若干直径相同且按规律分布的孔（圆孔、螺孔、沉孔等）、管道等，可以仅画出一个或几个，其余只需表明其中心位置，但在零件图中应注明其（   ）。

    A. 中心   B. 尺寸   C. 材料   D. 总数

9. 网状物、编织物或机件上的滚花部分，可在轮廓线之内示意地画出一部分（   ），并加旁注或在技术要求中注明这些结构的具体要求。

    A. 粗实线   B. 细实线   C. 细点画线   D. 细虚线

10. 较长的机件（轴、型材、连杆等）沿其长度方向的形状一致或按一定规律变化时，可断开后缩短绘制，但必须按（   ）标注尺寸。

    A. 测量长度   B. 比例长度   C. 计算长度   D. 原来实际长度

 活动二　任务实施，完成任务

根据任务要求，完成局部放大图的绘制。（10分）

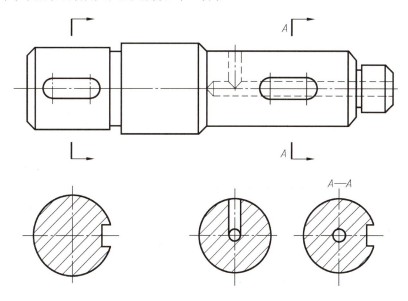

活动三 实战演练，提高绘图技能

练习一（1题10分，2题20分，共30分）

1. 将图中指定部位按2∶1比例画成局部放大图。

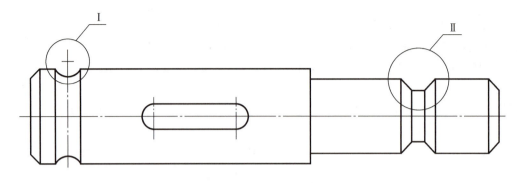

2. 在指定位置画出移出断面图（键槽深5mm），并将指定部位按2∶1比例画成局部放大图。

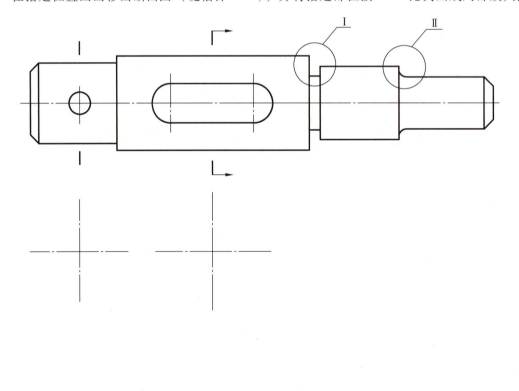

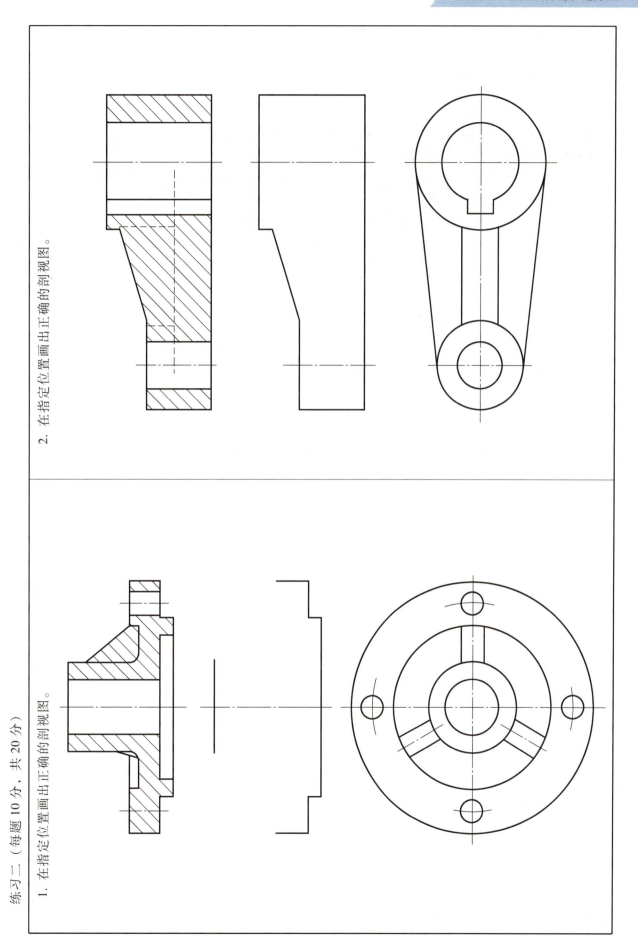

活动四　检查评价，进行自我总结

请你根据任务完成情况，进行自评、小组互评，取长补短，查找不足，完成任务总结。教师根据成绩，进行点评。

评 分 标 准

过程考核	项目名称	考核内容与要求		配分	得分		
					自评	小组互评	教师总评
课前学习（30分）	自主预习	完成任务,并回答正确		10			
	测试任务	完成测试,并回答正确		20			
课中学习（10分）	任务实施	局部放大图绘制正确		6			
		图线使用符合制图国家标准		2			
		图样干净、整洁		2			
课后学习（50分）	实战演练	局部放大图绘制正确；移出断面图绘制正确	练习一	30			
		规定画法使用合理；剖视图绘制正确	练习二	20			
综合素质（10分）	考勤	按时上课,不迟到、不早退		4			
	自主学习	线下、线上自主学习,分析解决问题的能力		2			
	工匠精神	敬业、精益、专注、创新等方面的工匠精神		2			
	职业道德	认真负责、踏实敬业的工作态度和严谨求实、一丝不苟的工作作风		2			
		合计		100			
	总分（自评占比20%,小组互评占比30%,教师评价占比50%）						

任务总结：

1. 掌握了哪些知识与技能：

2. 心得体会及经验教训：

3. 其他收获：

4. 任务未完成，未完成的原因：

教师点评：

模块七　标准件与常用件

项目一　绘制螺纹紧固件连接的视图

任务　绘制螺栓连接图

螺栓连接是工程上经常使用的一种连接方式，试根据图 7-1 所示螺栓连接的结构示意图绘制螺栓连接图。

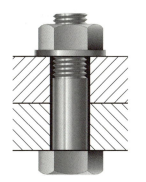

图 7-1　螺栓连接的结构示意图

活动一　接受任务，课前自主预习

请课前认真阅读教材，查阅相关书籍，通过个人学习、小组讨论，运用信息查找等方法，完成以下任务。（每题 10 分，共 20 分）

1. 请简要说明螺栓连接由哪几部分组成，其连接特点是什么。

_____

_____

2. 请简要说明螺纹的结构要素有哪些。

_____

_____

预习结束，完成测试任务。
选择题（每题 2 分，共 20 分）
1. 普通螺纹的特征代号用（　　）表示。
A. M　　　　　　B. G　　　　　　C. Rp　　　　　　D. NPT

2. 55°非密封管螺纹的特征代号用（　　）表示。
   A. M　　　　　B. G　　　　　C. Rp　　　　　D. NPT
3. 螺纹终止线用（　　）绘制。
   A. 粗实线　　　B. 细实线　　　C. 细虚线　　　D. 点画线
4. 螺距、导程与线数之间的关系是（　　）。
   A. $P_h = nP$　　B. $P = nP_h$　　C. $n = P/P_h$　　D. $P_h = P$
5. 表示左旋螺纹的代号是（　　）。
   A. RH　　　　　B. LH　　　　　C. SH　　　　　D. PH
6. 普通螺纹分为（　　）。
   A. 粗牙和细牙螺纹　B. 密封和非密封螺纹　C. 标准和非标准螺纹　D. 特殊和标准螺纹
7. 无论是外螺纹还是内螺纹，在剖视图中，剖面线都要（　　）。
   A. 画到粗实线　B. 画到细实线　C. 画到大径　　D. 画到小径
8. 内螺纹和外螺纹能够相互旋合的条件是（　　）五个要素都相同。
   A. 牙型、大径、螺距、线数、旋向　　B. 牙型、中径、螺距、线数、旋向
   C. 牙型、大径、导程、线数、旋向　　D. 牙型、小径、导程、线数、旋向
9. 内、外螺纹旋合画法中，重合部分按（　　）绘制。
   A. 内螺纹　　　B. 外螺纹　　　C. 内螺纹或外螺纹　　D. 以上都不对
10. 螺栓连接的比例画法是以（　　）为主要参数，其余各部分结构尺寸均按与其成一定比例关系绘制。
    A. 螺栓上螺纹的公称直径　　　　　B. 螺栓上螺纹的中径
    C. 螺栓上螺纹的小径　　　　　　　D. 螺栓长度

活动二　任务实施，完成任务

根据任务要求，完成螺栓连接图的绘制。（10分）

1. 螺栓　GB/T 5782—2016　M20×l（l 计算后取标准值）。
2. 螺母　GB/T 6170—2015　M20。
3. 垫圈　GB/T 97.1—2002　20。
4. 机件材料为灰铸铁，厚度分别为30mm、40mm。

模块七 标准件与常用件

活动三 实战演练,提高绘图技能

练习一、分析图中的错误,并在指定位置画出正确图形。(每题 2 分,共 10 分)

1.

2.

3.

4.

5.

练习二、根据给定的螺纹要素，在图中标注螺纹的尺寸。（每题2分，共12分）

1. 普通螺纹：$d = 26$mm，$P = 1.5$mm，右旋，中径、顶径公差带6h，中等旋合长度。

2. 普通螺纹：$d = 26$mm，$P = 1.5$mm，左旋，中径、顶径公差带7H，长旋合长度。

3. 梯形螺纹：$d = 26$mm，$P_h = 16$mm，双线、左旋，中径公差带代号8e，中等旋合长度。

4. 55°非密封管螺纹：尺寸代号3/4，右旋，螺纹中径公差等级A。

5. 锯齿形螺纹：$D = 40$mm，$P = 5$mm，左旋，中径公差带7H，单线，中等旋合长度。

6. 55°密封圆锥管螺纹：尺寸代号1/2，左旋。

模块七 标准件与常用件

练习三（每题 4 分，共 8 分）

1. 查标准，注尺寸，并写出该螺纹紧固件的规定标记。

（1）螺纹规格 $d=12\,\mathrm{mm}$，公称长度 $l=45\,\mathrm{mm}$，C 级六角头螺栓（GB/T 5780—2016）。

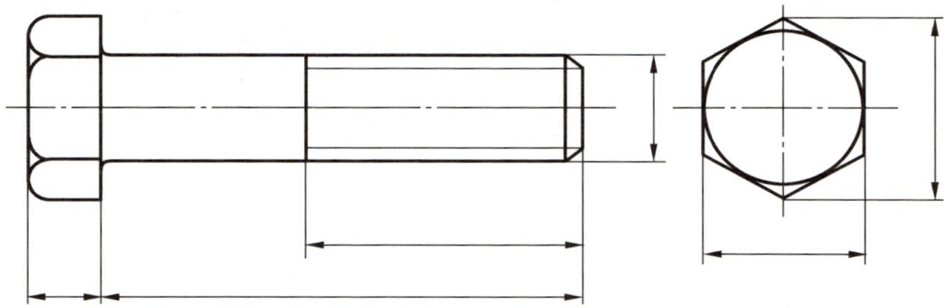

标记：

（2）螺纹规格 $d=12\,\mathrm{mm}$，A 级 1 型六角螺母（GB/T 6170—2015）。

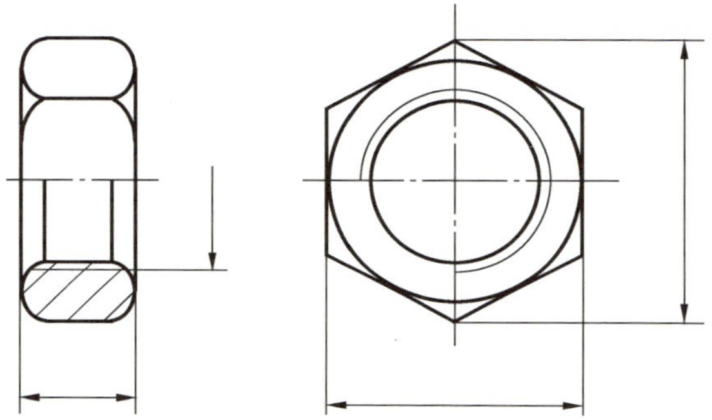

标记：

2. 分析螺栓连接图中的错误，在指定位置画出正确的图形。

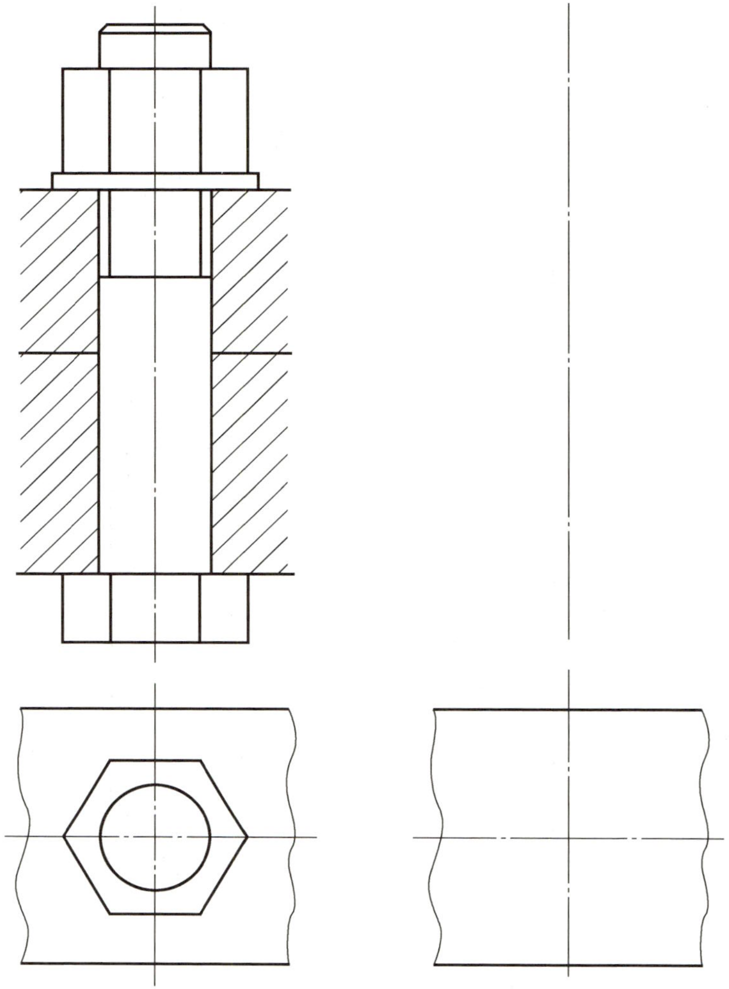

练习四（每题5分，共10分）

1. 分析双头螺柱连接图中的错误，在指定位置画出正确的图形。

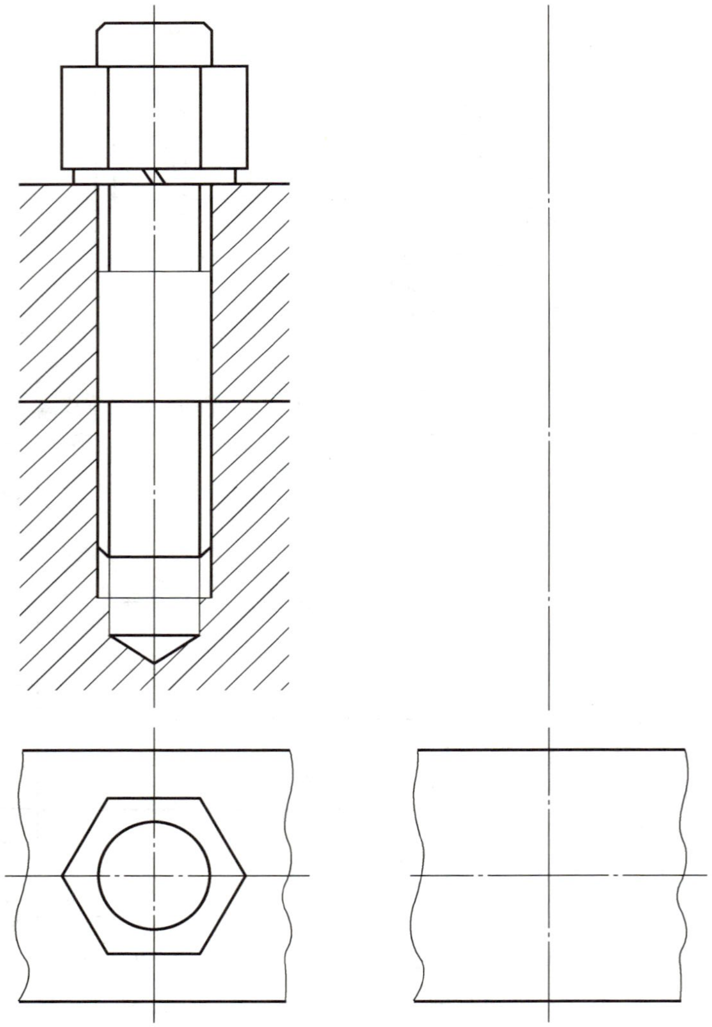

2. 分析螺钉连接图中的错误，在指定位置画出正确的图形。

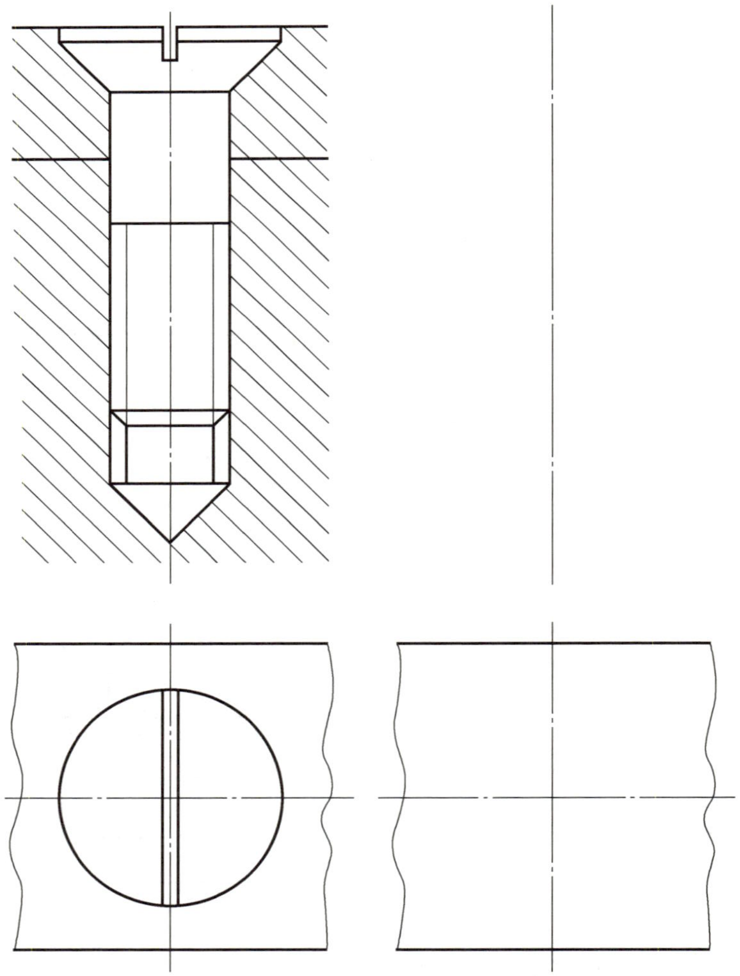

活动四　检查评价，进行自我总结

请你根据任务完成情况，进行自评、小组互评，取长补短，查找不足，完成任务总结。教师根据成绩，进行点评。

评 分 标 准

过程考核	项目名称	考核内容与要求		配分	得分		
					自评	小组互评	教师总评
课前学习（40分）	自主预习	完成任务，并回答正确		20			
	测试任务	完成测试，并回答正确		20			
课中学习（10分）	任务实施	螺栓连接图绘制完整、正确		6			
		图线使用符合制图国家标准		2			
		图样干净、整洁		2			
课后学习（40分）	实战演练	螺纹画法改错正确	练习一	10			
		螺纹标注正确	练习二	12			
		螺纹紧固件标记正确；螺纹紧固件连接图绘制正确	练习三	8			
			练习四	10			
综合素质（10分）	考勤	按时上课，不迟到、不早退		4			
	自主学习	线下、线上自主学习，分析解决问题的能力		2			
	工匠精神	敬业、精益、专注、创新等方面的工匠精神		2			
	职业道德	认真负责、踏实敬业的工作态度和严谨求实、一丝不苟的工作作风		2			
		合计		100			
总分（自评占比20%，小组互评占比30%，教师评价占比50%）							

任务总结：

1. 掌握了哪些知识与技能：

2. 心得体会及经验教训：

3. 其他收获：

4. 任务未完成，未完成的原因：

教师点评：

项目二 绘制齿轮的视图

任务 绘制直齿圆柱齿轮的视图

根据图 7-2 所示直齿圆柱齿轮传动示意图,绘制单个直齿圆柱齿轮及齿轮啮合的视图。

活动一 接受任务,课前自主预习

请课前认真阅读教材,查阅相关书籍,通过个人学习、小组讨论,运用信息查找等方法,完成以下任务。(每题 10 分,共 20 分)

1. 请简要说明齿轮的作用。
_____
_____

图 7-2 直齿圆柱齿轮传动示意图

2. 请分别说明什么是齿顶圆、齿根圆、分度圆。
_____
_____
_____
_____

预习结束,完成测试任务。

选择题(每题 2 分,共 20 分)

1. 一对齿轮啮合条件是(   )。
    A. 模数相等   B. 分度圆直接相等   C. 齿宽相等   D. 齿数相等
2. 圆柱齿轮的齿高是(   )(其中 m 为模数)。
    A. $2.25m$ B. $2m$ C. $1.25m$ D. $1.5m$
3. 在表示齿轮端面的视图中,齿顶圆用(   )绘制。
    A. 粗实线   B. 细实线   C. 细虚线   D. 细点画线
4. 渐开线直齿圆柱齿轮的齿数一定,模数越大(   )。
    A. 齿轮的轮齿越大   B. 齿顶圆越小   C. 分度圆越小   D. 齿形角越大
5. 一对直齿圆柱齿轮啮合,在反映圆的视图上,分度圆用(   )。
    A. 细实线   B. 粗实线   C. 细虚线   D. 细点画线
6. 标准齿轮的齿根高为(   )(其中 m 为模数)。
    A. $1m$ B. $2m$ C. $1.25m$ D. $2.5m$
7. 标准圆柱齿轮的压力角是(   )。
    A. 20°   B. 30°   C. 60°   D. 120°
8. 已知直齿圆柱齿轮模数 $m=2.5\text{mm}$,齿数 $z=25$,则齿轮分度圆的直径为(   )。
    A. 61.5mm   B. 62.5mm   C. 63.5mm   D. 64.5mm
9. 直齿圆柱齿轮不反映圆的视图采用剖视图绘制时,轮齿按(   )绘制。
    A. 剖视图   B. 不剖   C. 剖视或不剖绘制均可   D. 以上答案都不对
10. 一对相互啮合的标准圆柱齿轮的分度圆之间的关系是(   )。
    A. 相交   B. 相切   C. 分离   D. 不确定

活动二 任务实施,完成任务

1. 根据任务要求,完成单个直齿圆柱齿轮视图的绘制。(25分)

绘制直齿圆柱齿轮零件图。

已知:$m = 3\text{mm}$,$z_1 = 30$,$b = 40\text{mm}$

计算:

分度圆 $d =$

齿顶圆 $d_a =$

齿根圆 $d_f =$

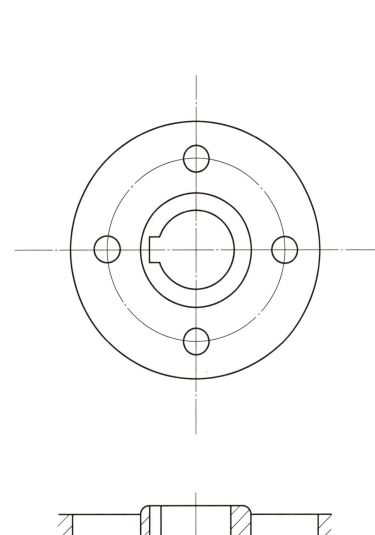

2. 根据任务要求，完成直齿圆柱齿轮啮合视图的绘制。已知：小齿轮模数 $m=2.5\text{mm}$，$z_1=19$，两齿轮中心距 $a=65\text{mm}$，计算大、小齿轮各部分尺寸，填写在下划线上，并完成两直齿圆柱齿轮啮合视图。（25分）

已知：小齿轮模数 $m=2.5\text{mm}$
$m=2.5\text{mm}$
$z_1=19$
$a=65\text{mm}$

$z_2=$ _____
$d_1=$ _____
$d_{a1}=$ _____
$d_{f1}=$ _____
$d_2=$ _____
$d_{a2}=$ _____
$d_{f2}=$ _____

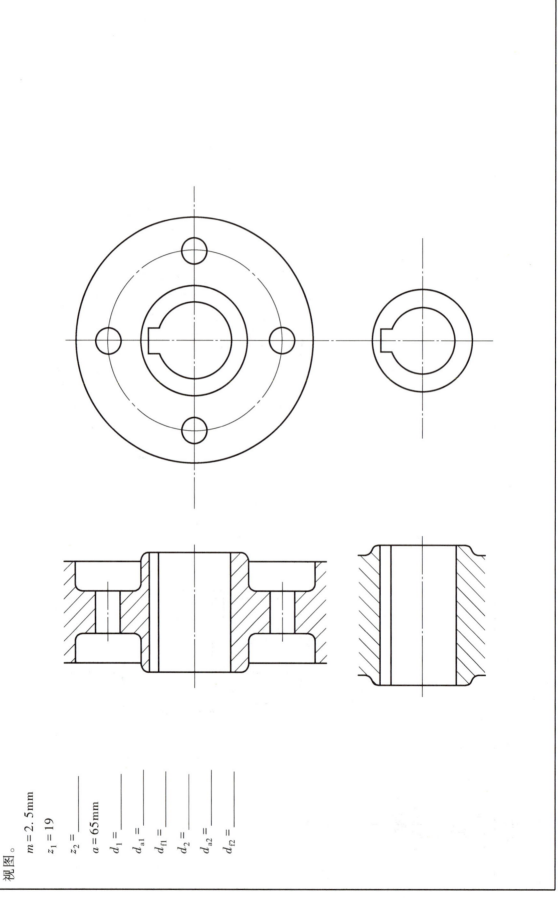

活动三　检查评价，进行自我总结

请你根据任务完成情况，进行自评、小组互评，取长补短，查找不足，完成任务总结。教师根据成绩，进行点评。

评 分 标 准

过程考核	项目名称	考核内容与要求		配分	得分		
					自评	小组互评	教师总评
课前学习 （40分）	自主预习	完成任务，并回答正确		20			
	测试任务	完成测试，并回答正确		20			
课中学习 （50分）	任务实施	单个齿轮	计算正确	10			
			图形绘制完整、正确	13			
			图样干净、整洁	2			
		齿轮啮合	计算正确	10			
			图形绘制完整、正确	13			
			图样干净、整洁	2			
综合素质 （10分）	考勤	按时上课，不迟到、不早退		4			
	自主学习	线下、线上自主学习，分析解决问题的能力		2			
	工匠精神	敬业、精益、专注、创新等方面的工匠精神		2			
	职业道德	认真负责、踏实敬业的工作态度和严谨求实、一丝不苟的工作作风		2			
		合计		100			
总分（自评占比20%，小组互评占比30%，教师评价占比50%）							

任务总结：

1. 掌握了哪些知识与技能：

2. 心得体会及经验教训：

3. 其他收获：

4. 任务未完成，未完成的原因：

教师点评：

项目三　绘制键、销连接图

任务一　绘制普通平键连接图

图 7-3 所示为轴与齿轮间的普通平键连接，在被连接的轴上和轮毂中加工了键槽，先将键嵌入轴上的键槽内，再对准轮毂孔中的键槽（该键槽是穿通的），将它们装配在一起，便可达到连接的目的。下面认识普通平键的形状和标记，绘制连接图。

图 7-3　轴与齿轮间的普通平键连接

活动一　接受任务，课前自主预习

请课前认真阅读教材，查阅相关书籍，通过个人学习、小组讨论，运用信息查找等方法，完成以下任务。（每题 10 分，共 20 分）

1. 请简要说明键的作用。

2. 请简要说明键的种类和形状。

活动二　任务实施，完成任务

下列图是轴与孔采用一般松紧度平键连接，试根据轴径查表，标注它们的键槽尺寸及其极限偏差，并完成键连接图。（70 分）

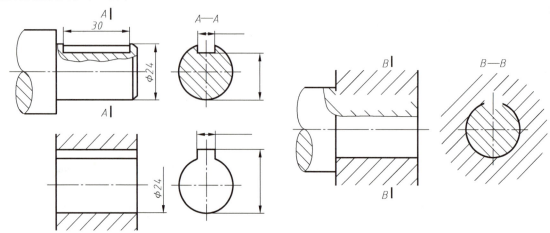

活动三　检查评价，进行自我总结

请你根据任务完成情况，进行自评、小组互评，取长补短，查找不足，完成任务总结。教师根据成绩，进行点评。

评 分 标 准

过程考核	项目名称	考核内容与要求	配分	得分		
				自评	小组互评	教师总评
课前学习（20分）	自主预习	完成任务,并回答正确	20			
课中学习（70分）	任务实施	轴上键槽尺寸查表正确	10			
		轴上键槽尺寸及其极限偏差标注正确	5			
		齿轮轮毂上键槽尺寸查表正确	10			
		齿轮轮毂上键槽尺寸及其极限偏差标注正确	5			
		键连接图绘制正确	35			
		图线使用符合制图国家标准	5			
综合素质（10分）	考勤	按时上课,不迟到、不早退	4			
	自主学习	线下、线上自主学习,分析解决问题的能力	2			
	工匠精神	敬业、精益、专注、创新等方面的工匠精神	2			
	职业道德	认真负责、踏实敬业的工作态度和严谨求实、一丝不苟的工作作风	2			
合计			100			
总分(自评占比20%,小组互评占比30%,教师评价占比50%)						

任务总结：

1. 掌握了哪些知识与技能：＿＿＿＿＿＿＿＿＿＿＿＿＿＿＿＿＿＿＿＿＿＿＿＿＿＿＿＿
＿＿

2. 心得体会及经验教训：＿＿＿＿＿＿＿＿＿＿＿＿＿＿＿＿＿＿＿＿＿＿＿＿＿＿＿＿＿
＿＿

3. 其他收获：＿＿＿＿＿＿＿＿＿＿＿＿＿＿＿＿＿＿＿＿＿＿＿＿＿＿＿＿＿＿＿＿＿＿
＿＿

4. 任务未完成,未完成的原因：＿＿＿＿＿＿＿＿＿＿＿＿＿＿＿＿＿＿＿＿＿＿＿＿＿＿
＿＿

教师点评：

任务二 绘制销连接图

根据图 7-4 所示销的结构图，绘制销连接图。

a) 圆柱销　　　　　b) 圆锥销　　　　　c) 开口销

图 7-4　销

 活动一　接受任务，课前自主预习

请课前认真阅读教材，查阅相关书籍，通过个人学习、小组讨论，运用信息查找等方法，完成以下任务。（10 分）

请简要说明销的作用及分类。

 活动二　任务实施，完成任务

完成圆柱销连接图。（80 分）

销　GB/T 119.1　10 m6×60

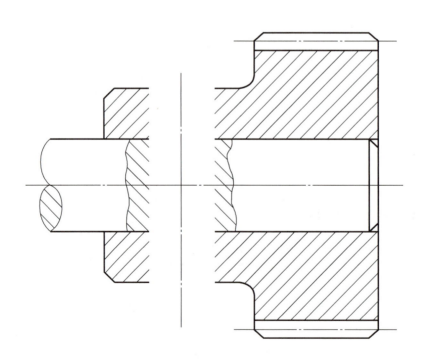

活动三　检查评价，进行自我总结

请你根据任务完成情况，进行自评、小组互评，取长补短，查找不足，完成任务总结。教师根据成绩，进行点评。

评 分 标 准

过程考核	项目名称	考核内容与要求	配分	得分		
				自评	小组互评	教师总评
课前学习（10分）	自主预习	完成任务，并回答正确	10			
课中学习（80分）	任务实施	销连接图绘制正确	70			
		图线使用符合制图国家标准	5			
		图样干净、整洁	5			
综合素质（10分）	考勤	按时上课，不迟到、不早退	4			
	自主学习	线下、线上自主学习，分析解决问题的能力	2			
	工匠精神	敬业、精益、专注、创新等方面的工匠精神	2			
	职业道德	认真负责、踏实敬业的工作态度和严谨求实、一丝不苟的工作作风	2			
合计			100			
总分（自评占比20%，小组互评占比30%，教师评价占比50%）						

任务总结：

1. 掌握了哪些知识与技能：

2. 心得体会及经验教训：

3. 其他收获：

4. 任务未完成，未完成的原因：

教师点评：

项目四 绘制滚动轴承的视图

任务 绘制常用滚动轴承的视图

如图 7-5 所示，是几种常见的滚动轴承，了解常见滚动轴承的表示法。

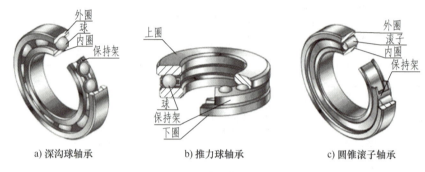

图 7-5 滚动轴承的结构

活动一 接受任务，课前自主预习

请课前认真阅读教材，查阅相关书籍，通过个人学习、小组讨论，运用信息查找等方法，完成以下任务。（每题 10 分，共 30 分）

1. 请简要说明滚动轴承由哪几部分组成。

2. 请简要说明国家规定了滚动轴承的表达方法有哪几种。

3. 请简要说明滚动轴承的基本代号由哪三部分组成。

活动二 任务实施，完成任务

选择合适的比例用规定画法画出装配图中的滚动轴承。其中，轴承 1 为 31313 GB/T 297—2015，轴承 2 为 6409 GB/T 276—2013。（60 分）

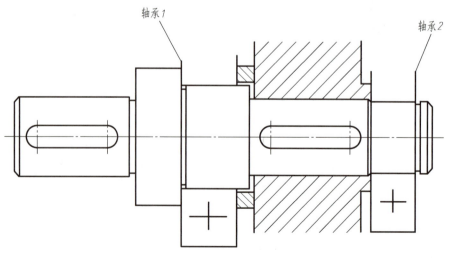

活动三　检查评价，进行自我总结

请你根据任务完成情况，进行自评、小组互评，取长补短，查找不足，完成任务总结。教师根据成绩，进行点评。

评 分 标 准

过程考核	项目名称	考核内容与要求		配分	得分		
					自评	小组互评	教师总评
课前学习（30分）	自主预习	完成任务，并回答正确		30			
课中学习（60分）	任务实施	轴承1	查表正确	10			
			轴承绘制完整、正确	15			
			图样干净、整洁	5			
		轴承2	查表正确	10			
			轴承绘制完整、正确	15			
			图样干净、整洁	5			
综合素质（10分）	考勤	按时上课，不迟到、不早退		4			
	自主学习	线下、线上自主学习，分析解决问题的能力		2			
	工匠精神	敬业、精益、专注、创新等方面的工匠精神		2			
	职业道德	认真负责、踏实敬业的工作态度和严谨求实、一丝不苟的工作作风		2			
合计				100			
总分（自评占比20%，小组互评占比30%，教师评价占比50%）							

任务总结：

1. 掌握了哪些知识与技能：

2. 心得体会及经验教训：

3. 其他收获：

4. 任务未完成，未完成的原因：

教师点评：

项目五　绘制弹簧的视图

任务　绘制圆柱螺旋弹簧的视图

绘制图 7-6 所示压缩弹簧的视图。

图 7-6　压缩弹簧

活动一　接受任务，课前自主预习

请课前认真阅读教材，查阅相关书籍，通过个人学习、小组讨论，运用信息查找等方法，完成以下任务。（10 分）

请简要说明弹簧的作用。

活动二　任务实施，完成任务

用 1∶1 的比例画出圆柱螺旋压缩弹簧的全剖视图并标注尺寸。已知簧丝直径 $d=8$mm，弹簧外径 $D_2=50$mm，节距 $t=12$mm，有效圈数 $n=8$，总圈数 $n_1=10.5$，右旋。（80 分）

活动三　检查评价，进行自我总结

请你根据任务完成情况，进行自评、小组互评，取长补短，查找不足，完成任务总结。教师根据成绩，进行点评。

评 分 标 准

过程考核	项目名称	考核内容与要求	配分	得分		
				自评	小组互评	教师总评
课前学习（10分）	自主预习	完成任务，并回答正确	10			
课中学习（80分）	任务实施	圆柱螺旋压缩弹簧图形绘制正确	50			
		尺寸标注正确合理	20			
		图线使用符合制图国家标准	5			
		图样干净、整洁	5			
综合素质（10分）	考勤	按时上课，不迟到、不早退	4			
	自主学习	线下、线上自主学习，分析解决问题的能力	2			
	工匠精神	敬业、精益、专注、创新等方面的工匠精神	2			
	职业道德	认真负责、踏实敬业的工作态度和严谨求实、一丝不苟的工作作风	2			
合计			100			
总分（自评占比20%，小组互评占比30%，教师评价占比50%）						

任务总结：

1. 掌握了哪些知识与技能：

2. 心得体会及经验教训：

3. 其他收获：

4. 任务未完成，未完成的原因：

教师点评：

模块八 零件图

项目一 认识零件图

任务一 认识齿轮轴零件图

认识图 8-1 所示齿轮轴零件图。

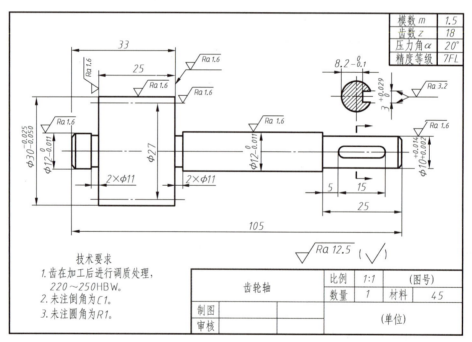

图 8-1 齿轮轴零件图

活动一 接受任务，课前自主预习

请课前认真阅读教材，查阅相关书籍，通过个人学习、小组讨论，运用信息查找等方法，完成以下任务。(每题 10 分，共 20 分)

1. 请简要说明什么是零件图。

2. 请说明一张完整的零件图包含哪几部分。

预习结束，完成测试任务。

选择题（每题 2 分，共 10 分）

1. 企业在生产制造和加工检验中使用的图样是（　　）。
   A. 零件图　　　　B. 三视图　　　　C. 装配体　　　　D. 机件图
2. 零件图中不需要（　　）。
   A. 表达零件的内外结构　　　　B. 表示零件在机器中的作用
   C. 注明零件上重要尺寸的尺寸公差　　　　D. 指出零件所用的材料
3. （　　）是制造和检验零件的依据。
   A. 轴测图　　　　B. 装配图　　　　C. 展开图　　　　D. 零件图
4. （　　）表示零件的结构形状、大小和有关技术要求。
   A. 零件图　　　　B. 装配图　　　　C. 展开图　　　　D. 轴测图
5. 一张完整的零件图应包括一组视图、完整的尺寸、技术要求及（　　）。
   A. 标题栏　　　　B. 比例　　　　C. 材料　　　　D. 线型

 活动二　任务实施，完成任务

根据任务要求，认识齿轮轴零件图。（60 分）

活动三　检查评价，进行自我总结

请你根据任务完成情况，进行自评、小组互评，取长补短，查找不足，完成任务总结。教师根据成绩，进行点评。

评 分 标 准

过程考核	项目名称	考核内容与要求	配分	得分		
				自评	小组互评	教师总评
课前学习 （30分）	自主预习	完成任务，并回答正确	20			
	测试任务	完成测试，并回答正确	10			
课中学习 （60分）	任务实施	认识图形	20			
		认识尺寸	20			
		认识技术要求	10			
		认识标题栏	10			
综合素质 （10分）	考勤	按时上课，不迟到、不早退	4			
	自主学习	线下、线上自主学习，分析解决问题的能力	2			
	工匠精神	敬业、精益、专注、创新等方面的工匠精神	2			
	职业道德	认真负责、踏实敬业的工作态度和严谨求实、一丝不苟的工作作风	2			
合计			100			
总分（自评占比20%，小组互评占比30%，教师评价占比50%）						

任务总结：

1. 掌握了哪些知识与技能：

2. 心得体会及经验教训：

3. 其他收获：

4. 任务未完成，未完成的原因：

教师点评：

任务二　轴承座零件图的视图选择

图 8-2 所示为某企业生产的轴承座立体图,请选择合适的表达方式将该轴承座的形状结构表达清楚。

图 8-2　轴承座立体图

活动一　接受任务,课前自主预习

请课前认真阅读教材,查阅相关书籍,通过个人学习、小组讨论,运用信息查找等方法,完成以下任务。(每题 10 分,共 20 分)

1. 请简要说明选择零件的主视图时应考虑的几个原则。

2. 请简要说明选择零件的其他视图时应遵循的几个原则。

预习结束，完成测试任务。

选择题（每题 2 分，共 20 分）

1. 对轴套、轮盘类等回转体零件，选择主视图时，一般按（　　）选择。
   A. 加工位置　　　　　　　　　　　B. 工作位置
   C. 工作位置和形状特征最明显的位置　D. 装配位置

2. 轴套类零件的主视图一般选择加工位置，轴线应（　　）放置。
   A. 垂直　　　　B. 水平　　　　C. 垂直于投影面　　D. 倾斜于投影面

3. 叉架类零件、箱体类零件，常以（　　）为主视图，反映主要形状特征。
   A. 工作位置　　B. 加工位置　　C. 形状特征　　　　D. 结构特征

4. 视图应尽可能多地反映零件的各组成部分的（　　）。
   A. 形状　　　　B. 大小　　　　C. 形状特征和位置特征　D. 位置

5. 轮盘类零件的主视图一般采用（　　）表达。
   A. 外形视图　　B. 全剖视图　　C. 半剖视图　　　　D. 全剖或半剖视图

6. 轮毂是（　　）类零件具有的典型结构。
   A. 轴　　　　　B. 轮盘　　　　C. 叉架　　　　　　D. 箱体

7. 叉架类零件一般需要（　　）视图来表达。
   A. 一个　　　　B. 两个　　　　C. 两个或以上　　　D. 三个

8. 以下不属于箱体类零件特点的是（　　）。
   A. 主要用来支承和包容其他零件　　B. 由好几段圆柱构成
   C. 内外结构都比较复杂　　　　　　D. 有凸台、凹坑、铸造圆角等细小结构

9. （　　）零件主要起包容、支承其他零件的作用，常有内腔、轴承孔、凸台、肋、安装板、光孔、螺纹孔等结构。
   A. 轴套类　　　B. 盘盖类　　　C. 叉架类　　　　　D. 箱体类

10. 零件按结构特点可分为（　　）。
    A. 轴套类、叶片类、叉架类、箱体类　　B. 轴套类、轮盘类、叉架类、薄板类
    C. 轴套类、轮盘类、叉架类、箱体类　　D. 轴套类、轮盘类、叉架类、填料类

 活动二　任务实施，完成任务

根据任务要求，为轴承座选择合适的表达方式。（20 分）

活动三 实战演练,提高绘图技能

参照轴测图和已选定的一个视图,确定表达方案(不标尺寸)。(30分)

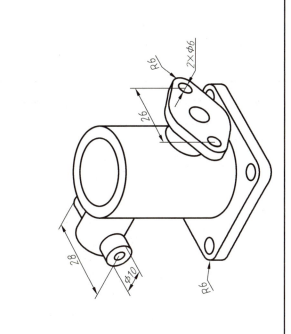

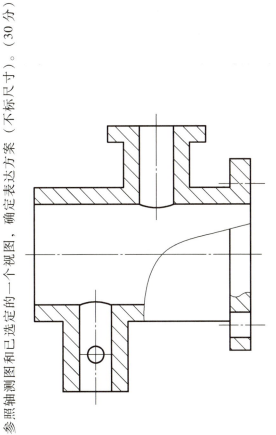

活动四　检查评价，进行自我总结

请你根据任务完成情况，进行自评、小组互评，取长补短，查找不足，完成任务总结。教师根据成绩，进行点评。

评 分 标 准

过程考核	项目名称	考核内容与要求	配分	得分		
				自评	小组互评	教师总评
课前学习 （40 分）	自主预习	完成任务，并回答正确	20			
	测试任务	完成测试，并回答正确	20			
课中学习 （20 分）	任务实施	表达方式合理	5			
		图形绘制完整、正确	10			
		图线使用符合制图国家标准	3			
		图样干净、整洁	2			
课后学习 （30 分）	实战演练	表达方式合理	10			
		图形绘制完整、正确	15			
		图线使用符合制图国家标准	3			
		图样干净、整洁	2			
综合素质 （10 分）	考勤	按时上课，不迟到、不早退	4			
	自主学习	线下、线上自主学习，分析解决问题的能力	2			
	工匠精神	敬业、精益、专注、创新等方面的工匠精神	2			
	职业道德	认真负责、踏实敬业的工作态度和严谨求实、一丝不苟的工作作风	2			
合计			100			
总分（自评占比 20%，小组互评占比 30%，教师评价占比 50%）						

任务总结：

1．掌握了哪些知识与技能：_____
_____
_____

2．心得体会及经验教训：_____
_____
_____

3．其他收获：_____
_____
_____

4．任务未完成，未完成的原因：_____
_____
_____

教师点评：
_____
_____
_____
_____

任务三 轴承座零件图的尺寸标注

标注图 8-3 所示轴承座的所有尺寸。

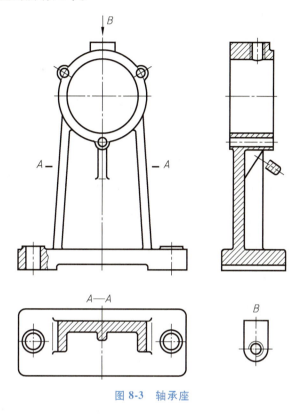

图 8-3 轴承座

📝 活动一 接受任务，课前自主预习

请课前认真阅读教材，查阅相关书籍，通过个人学习、小组讨论，运用信息查找等方法，完成以下任务。（每题 10 分，共 20 分）

1. 请简要说明什么是尺寸基准，尺寸基准又分为哪两类。

2. 请简要说明尺寸标注的注意事项。

预习结束，完成测试任务。

选择题（每题 2 分，共 10 分）

1. 零件上的功能尺寸标注时（　　）。
   A. 可以间接标注　　　　　　　　　　B. 必须直接标注
   C. 可以间接标注也可以直接标注　　　D. 怎么都行

2. 标注尺寸时,同一个方向的尺寸(   )。
   A. 可以形成一个封闭的尺寸链   B. 不能形成一个封闭的尺寸链
   C. 可以形成两个封闭的尺寸链   D. 以上答案都不对
3. 在一个孔上标注有尺寸"4×φ1214",下面解释正确的是(   )。
   A. 在同一平面上有四个结构和尺寸都相同的孔
   B. 四个孔的尺寸都是 φ12mm
   C. 四个孔的深度都是 14mm
   D. 以上三个解释都对
4. 合理的标注尺寸是指所注尺寸既符合设计要求,又满足(   )要求。
   A. 工艺   B. 工位   C. 制造   D. 工装
5. 以下(   )一般不可以作为尺寸基准。
   A. 零件结构中的对称面   B. 零件的主要支承面和装配面
   C. 零件的主要回转面的轴线   D. 零件的次要加工面

活动二 任务实施,完成任务

根据任务要求,标注轴承座的所有尺寸。(60分)

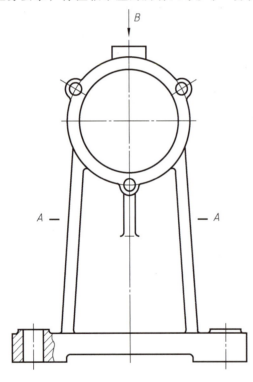
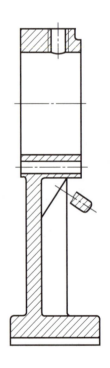
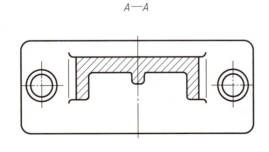
A—A

B

活动三　检查评价，进行自我总结

请你根据任务完成情况，进行自评、小组互评，取长补短，查找不足，完成任务总结。教师根据成绩，进行点评。

评 分 标 准

过程考核	项目名称	考核内容与要求	配分	得分		
				自评	小组互评	教师总评
课前学习 （30分）	自主预习	完成任务，并回答正确	20			
	测试任务	完成测试，并回答正确	10			
课中学习 （60分）	任务实施	尺寸基准选择正确	20			
		尺寸标注正确合理	40			
综合素质 （10分）	考勤	按时上课，不迟到、不早退	4			
	自主学习	线下、线上自主学习，分析解决问题的能力	2			
	工匠精神	敬业、精益、专注、创新等方面的工匠精神	2			
	职业道德	认真负责、踏实敬业的工作态度和严谨求实、一丝不苟的工作作风	2			
		合计	100			
总分（自评占比20%，小组互评占比30%，教师评价占比50%）						

任务总结：

1. 掌握了哪些知识与技能：

2. 心得体会及经验教训：

3. 其他收获：

4. 任务未完成，未完成的原因：

教师点评：

项目二 零件图中的技术要求

任务一 在零件图上标注表面结构要求

根据要求在图 8-4 所示轴的零件图上标注表面结构要求：

1) ϕ50mm 圆柱外表面用去除材料方法得到的表面结构要求为 $Ra = 1.6\mu m$，两侧面用去除材料方法得到的表面结构要求为 $Ra = 0.8\mu m$。

2) 两处 ϕ20mm 圆柱外表面用去除材料方法得到的表面结构要求为 $Ra = 1.6\mu m$。

3) ϕ16mm 圆柱外表面用去除材料方法得到的表面结构要求为 $Ra = 3.2\mu m$。

4) 键槽两侧面用去除材料方法得到的表面结构要求为 $Ra = 6.3\mu m$。

5) 其余各表面用去除材料方法得到的表面结构要求为 $Ra = 12.5\mu m$。

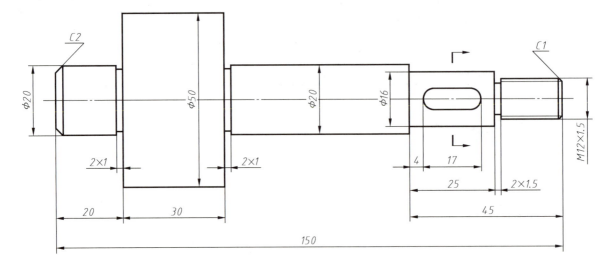

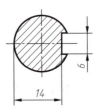

图 8-4 轴的零件图

 活动一 接受任务，课前自主预习

请课前认真阅读教材，查阅相关书籍，通过个人学习、小组讨论，运用信息查找等方法，完成以下任务。（10分）

请简要说明什么是表面粗糙度。

预习结束，完成测试任务。

选择题（每题 2 分，共 20 分）

1. 全部表面具有相同的表面结构要求时，表面结构要求可以（　　）。
   A. 在标题栏附近统一标注一次　　　　B. 在图样的右上角统一标注一次
   C. 在图样上统一标注一次　　　　　　D. 以上三种都可以
2. 表面结构要求可以标注在（　　）。
   A. 尺寸线上　　　B. 尺寸界线上　　　C. 轮廓的延长线上　　　D. 以上三种都可以
3. 在满足使用要求的前提下，应尽量选用（　　）的粗糙度参数值。
   A. 较大　　　　　B. 较小　　　　　　C. 不变　　　　　　　　D. 常用
4. 表面粗糙度参数值越小，加工成本（　　）。
   A. 越高　　　　　B. 越低　　　　　　C. 不确定　　　　　　　D. 不受影响
5. 表面结构常用的轮廓参数中，高度参数 Ra 表示（　　）。
   A. 轮廓算术平均偏差　　　　　　　　B. 轮廓最大高度
   C. 轮廓微观不平度十点高度　　　　　D. 轮廓偏距绝对值
6. 零件上有配合要求或有相对运动的表面，表面粗糙度参数值（　　）。
   A. 要大　　　　　B. 不受影响　　　　C. 要小　　　　　　　　D. 不确定
7. 按现行国家标准，表面粗糙度的评定参数有（　　）。
   A. Ra 和 Rz 两个　　B. Ra、Ry 和 Rz 三个　　C. Ra 和 Ry 两个　　D. Rz 和 Ry 两个
8. 表面粗糙度代号中数字的方向必须与图中尺寸数字的方向（　　）。
   A. 略左　　　　　B. 略右　　　　　　C. 一致　　　　　　　　D. 相反
9. 表面粗糙度评定参数，算术平均偏差用（　　）表示。
   A. Ra　　　　　B. Rb　　　　　　C. Rc　　　　　　　　D. Ry
10. 表面粗糙度中，Ra 的单位为（　　）。
    A. 米　　　　　　B. 厘米　　　　　　C. 分米　　　　　　　　D. 微米

活动二　任务实施，完成任务

根据任务要求，在零件图上标注表面结构要求。（10 分）

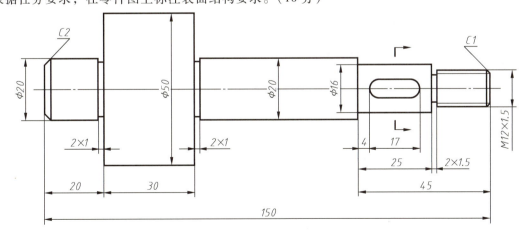

活动三　实战演练，提高绘图技能

1. 标注下列图示零件的表面结构要求。(25分)

表面	A、B	C	D	E、F、G	其余
Ra/μm	12.5	3.2	6.3	25	毛坯面

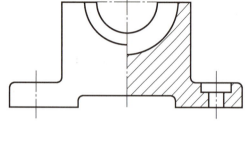

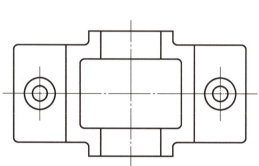

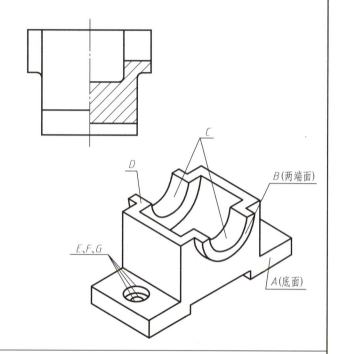

2. 标注下列图示零件的表面结构要求。(25分)

表面	A、B、F	C	D、G、H	E	其余
Ra/μm	12.5	6.3	3.2	25	毛坯面

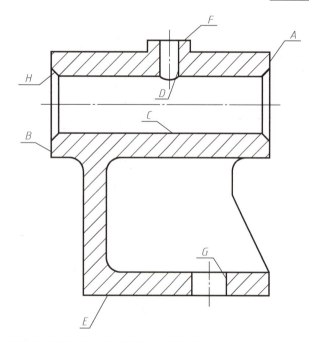

活动四　检查评价，进行自我总结

请你根据任务完成情况，进行自评、小组互评，取长补短，查找不足，完成任务总结。教师根据成绩，进行点评。

评 分 标 准

过程考核	项目名称	考核内容与要求		配分	得分		
					自评	小组互评	教师总评
课前学习 （30分）	自主预习	完成任务，并回答正确		10			
	测试任务	完成测试，并回答正确		20			
课中学习 （10分）	任务实施	表面结构要求标注正确		10			
课后学习 （50分）	实战演练	表面结构要求标注正确	练习1	25			
			练习2	25			
综合素质 （10分）	考勤	按时上课，不迟到、不早退		4			
	自主学习	线下、线上自主学习，分析解决问题的能力		2			
	工匠精神	敬业、精益、专注、创新等方面的工匠精神		2			
	职业道德	认真负责、踏实敬业的工作态度和严谨求实、一丝不苟的工作作风		2			
合计				100			
总分（自评占比20%，小组互评占比30%，教师评价占比50%）							

任务总结：

1. 掌握了哪些知识与技能：

2. 心得体会及经验教训：

3. 其他收获：

4. 任务未完成，未完成的原因：

教师点评：

任务二 在零件图上标注尺寸公差

根据要求在图 8-5 所示轴上标注尺寸公差：
1) 尺寸 φ50mm 基本偏差代号为 f，公差等级为 7 级。
2) 两处尺寸 φ20mm 基本偏差代号为 f，公差等级为 7 级。
3) 尺寸 30mm 基本偏差代号为 f，公差等级为 7 级。
4) 尺寸 φ16mm 基本偏差代号为 k，公差等级为 6 级。
5) 键槽宽度基本偏差代号为 N，公差等级为 9 级。
6) 键槽深度尺寸上极限偏差为 0mm，下极限偏差为 -0.1mm。

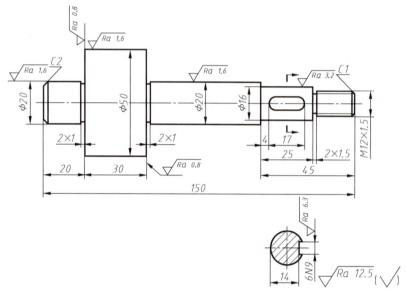

图 8-5 轴

活动一　接受任务，课前自主预习

请课前认真阅读教材，查阅相关书籍，通过个人学习、小组讨论，运用信息查找等方法，完成以下任务。（每题 5 分，共 20 分）

1. 请简要说明什么是公差。

2. 请分别说明什么是标准公差，什么是基本偏差。

3. 请简要说明什么是配合，配合分为哪几类。

4. 请简要说明什么是配合制，国家标准规定了哪两种配合制。

预习结束，完成测试任务。

选择题（每题 2 分，共 20 分）

1. 国家标准 GB/T 1800.1—2020 将公差划分为（   ）个等级。
   A. 18   B. 20   C. 14   D. 28
2. 尺寸标注为 68±0.0125mm，其公差为（   ）。
   A. +0.0125mm   B. -0.0125mm   C. +0.025mm   D. 0.025mm
3. 一个轴的公称尺寸是 ϕ30mm，上极限偏差为 -0.020mm，下极限偏差为 -0.041mm，一个零件的测量值是 ϕ30mm，则该零件是（   ）。
   A. 合格品   B. 不合格品   C. 废品   D. 无法判断
4. 标准公差确定公差带的（   ）。
   A. 大小   B. 位置   C. 形状   D. 作用
5. 公差表示尺寸允许变动的范围，所以（   ）。
   A. 一定正值   B. 一定为负值   C. 可以为零   D. 以上值都可以
6. 生产实际中，优先采用（   ）。
   A. 基轴制   B. 基孔制   C. 过盈配合   D. 间隙配合
7. 零线是表示（   ）的一条直线。
   A. 上极限尺寸   B. 下极限尺寸   C. 公称尺寸   D. 实际尺寸
8. 孔、轴构成间隙配合时，孔的公差带位于轴的公差带（   ）。
   A. 上方   B. 下方   C. 重叠   D. 交叉
9. 轴和孔的基本偏差代号各有（   ）种。
   A. 18   B. 20   C. 14   D. 28
10. 配合是指（   ）相同的相互结合的孔、轴公差带之间的关系。
    A. 上极限尺寸 B. 下极限尺寸   C. 公称尺寸   D. 实际尺寸

 活动二　任务实施，完成任务

根据任务要求，在零件图上标注尺寸公差。（10 分）

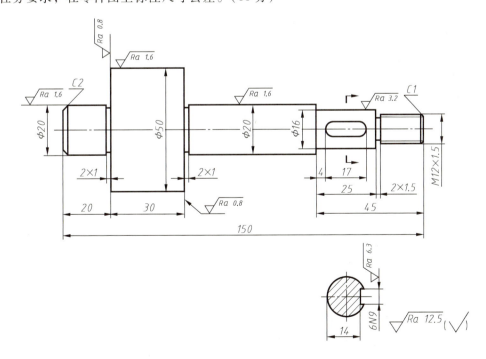

活动三　实战演练，提高绘图技能

1. 标注轴和孔的公称尺寸及上、下极限偏差值并填空。（20 分）

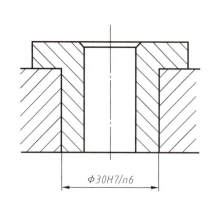
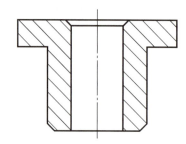
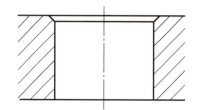

公称尺寸_____，基_____制。
公差等级：轴 IT_____级，孔 IT_____级，_____配合。
轴：上极限尺寸_____，下极限尺寸_____，公差_____。
孔：上极限尺寸_____，下极限尺寸_____，公差_____。

2. 标注轴和孔的基本尺寸及上、下极限偏差值并填空。（20 分）

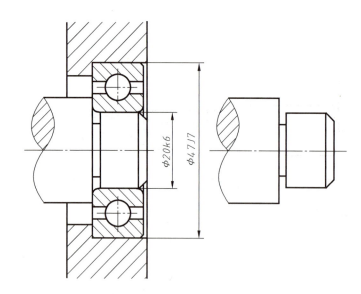
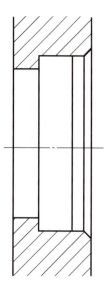

k6 表示_____，J7 表示_____。
基座孔与轴承外圈配合为_____制。轴与轴承孔配合为_____制。

活动四 检查评价，进行自我总结

请你根据任务完成情况，进行自评、小组互评，取长补短，查找不足，完成任务总结。教师根据成绩，进行点评。

评 分 标 准

过程考核	项目名称	考核内容与要求		配分	得分		
					自评	小组互评	教师总评
课前学习 （40分）	自主预习	完成任务，并回答正确		20			
	测试任务	完成测试，并回答正确		20			
课中学习 （10分）	任务实施	尺寸公差标注正确		10			
课后学习 （40分）	实战演练	基本偏差查表正确，标注正确；公差计算正确	练习1	20			
			练习2	20			
综合素质 （10分）	考勤	按时上课，不迟到、不早退		4			
	自主学习	线下、线上自主学习，分析解决问题的能力		2			
	工匠精神	敬业、精益、专注、创新等方面的工匠精神		2			
	职业道德	认真负责、踏实敬业的工作态度和严谨求实、一丝不苟的工作作风		2			
合计				100			
总分（自评占比20%，小组互评占比30%，教师评价占比50%）							

任务总结：

1. 掌握了哪些知识与技能：＿＿＿＿＿＿＿＿＿＿＿＿＿＿＿＿＿＿＿＿＿＿＿＿＿＿＿＿＿＿＿

2. 心得体会及经验教训：＿＿＿＿＿＿＿＿＿＿＿＿＿＿＿＿＿＿＿＿＿＿＿＿＿＿＿＿＿＿＿

3. 其他收获：＿＿＿＿＿＿＿＿＿＿＿＿＿＿＿＿＿＿＿＿＿＿＿＿＿＿＿＿＿＿＿＿＿＿＿＿

4. 任务未完成，未完成的原因：＿＿＿＿＿＿＿＿＿＿＿＿＿＿＿＿＿＿＿＿＿＿＿＿＿＿＿

教师点评：

任务三 在零件图上标注几何公差

根据要求在图 8-6 所示轴上标注几何公差：

1）φ50f7 圆柱外表面圆柱度要求为 0.05mm。
2）φ50f7 圆柱左端面相对于两处 φ20f7 圆柱轴线的垂直度要求为 0.015mm。
3）φ50f7 圆柱轴线相对于两处 φ20f7 圆柱轴线的同轴度要求为 φ0.05mm。
4）φ20f7 圆柱表面相对于两处 φ20f7 圆柱轴线的圆跳动为 0.015mm。

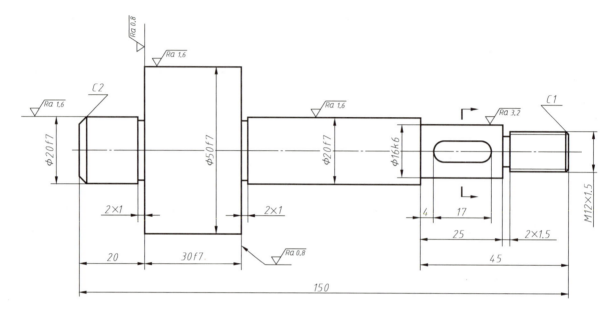

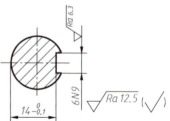

图 8-6 轴

活动一 接受任务，课前自主预习

请课前认真阅读教材，查阅相关书籍，通过个人学习、小组讨论，运用信息查找等方法，完成以下任务。（每题 10 分，共 20 分）

1. 请分别说明形状公差和位置公差各包含哪些项目。

2. 请分别说明方向公差和跳动公差各包含哪些项目。

预习结束，完成测试任务。

选择题（每题 2 分，共 20 分）

1. 当圆柱面的提取要素是其轴线时，几何公差框格的指引线和箭头应指向（　　）。
   A. 圆柱面的轮廓线　　B. 圆柱面的轴线　　C. 圆柱直径尺寸的尺寸线　　D. 圆柱端面
2. 几何公差的公差带形状是一个圆柱面所限定的区域时，公差值（　　）。
   A. 前面加 ϕ　　B. 前面加 t　　C. 前面加 S　　D. 前面什么都不添加
3. 以下有关几何公差说法错误的是（　　）。
   A. 允许在技术要求中对几何公差加以说明　　B. 几何公差标注包括几何公差框格和指引线
   C. 几何公差标注时，应有基准符号　　D. 几何公差标注时，必须要有几何公差数值
4. 几何公差的基准符号内的基准名称（　　）。
   A. 随基准框格倾斜而倾斜　　　　　　B. 字头向上书写
   C. 字头向左书写　　　　　　　　　　D. 字头向右书写
5. 几何公差是指零件的实际形状和实际位置对理想形状和理想位置所允许的（　　）变动量。
   A. 最小　　B. 不定　　C. 最大　　D. 正常
6. 几何公差框格水平放置时，如果指引线从框格的右端引出，则框格左边第一项是（　　）。
   A. 几何特征符号　　B. 基准　　C. 公差值　　D. 几何特征符号或基准
7. 下列公差项目中，不属于形状公差的是（　　）。
   A. 平面度　　B. 直线度　　C. 同轴度　　D. 圆柱度
8. 对称度公差属于（　　）。
   A. 方向公差　　B. 位置公差　　C. 跳动公差　　D. 形状公差
9. 圆柱度公差属于（　　）。
   A. 方向公差　　B. 位置公差　　C. 跳动公差　　D. 形状公差
10. 平行度公差属于（　　）。
    A. 方向公差　　B. 位置公差　　C. 跳动公差　　D. 形状公差

 活动二　任务实施，完成任务

根据任务要求，在零件图上标注几何公差。（10 分）

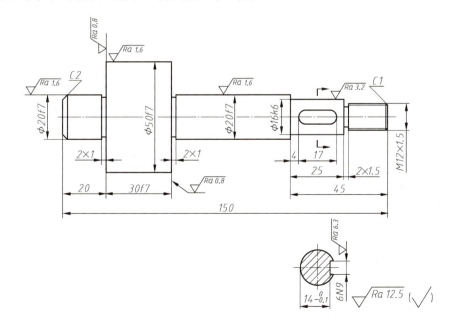

活动三 实战演练,提高绘图技能

1. 用文字说明图中几何公差的含义。(20分)

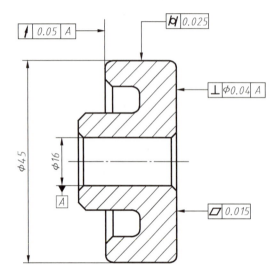

| 0.05 | A |

_____

| 0.025 |

_____

| ⌀0.04 | A |

_____

| 0.015 |

_____

2. 将用文字说明的几何公差改用框格标注在图中。(20分)

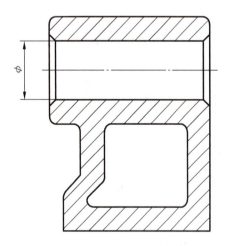

1) 孔轴线直线度公差为0.02mm

2) 底面平面度公差为0.01mm

3) 孔轴线对底面的平行度公差为0.02mm

活动四 检查评价,进行自我总结

请你根据任务完成情况,进行自评、小组互评,取长补短,查找不足,完成任务总结。教师根据成绩,进行点评。

评 分 标 准

过程考核	项目名称	考核内容与要求		配分	得分		
					自评	小组互评	教师总评
课前学习 (40分)	自主预习	完成任务,并回答正确		20			
	测试任务	完成测试,并回答正确		20			
课中学习 (10分)	任务实施	基准要素标注正确		4			
		被测要素标注正确		6			
课后学习 (40分)	实战演练	几何公差含义解释正确	练习1	20			
		基准要素标注正确;被测要素标注正确	练习2	20			
综合素质 (10分)	考勤	按时上课,不迟到、不早退		4			
	自主学习	线下、线上自主学习,分析解决问题的能力		2			
	工匠精神	敬业、精益、专注、创新等方面的工匠精神		2			
	职业道德	认真负责、踏实敬业的工作态度和严谨求实、一丝不苟的工作作风		2			
合计				100			
总分(自评占比20%,小组互评占比30%,教师评价占比50%)							

任务总结:

1. 掌握了哪些知识与技能:_____

2. 心得体会及经验教训:_____

3. 其他收获:_____

4. 任务未完成,未完成的原因:_____

教师点评:

项目三　识读零件图

任务　识读泵体零件图

识读图 8-7 所示泵体零件图。

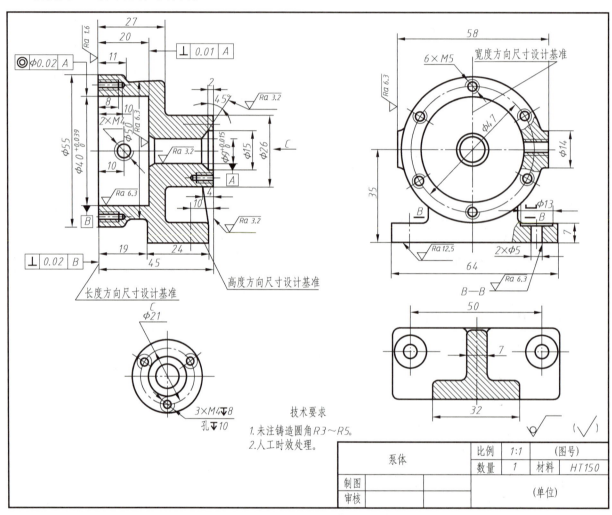

图 8-7　泵体零件图

活动一　接受任务，课前自主预习

请课前认真阅读教材，查阅相关书籍，通过个人学习、小组讨论，运用信息查找等方法，完成以下任务。（每题 10 分，共 20 分）

1. 请简要说明识读零件图的目的。

---

2. 请简要说明识读零件的方法与步骤。

预习结束，完成测试任务。

选择题（每题2分，共10分）

1. 读一张零件图时，第一步要（　　）。
   A. 看标题栏　　　　B. 技术要求　　　　C. 视图　　　　D. 尺寸
2. 读一张零件图的一般步骤是（　　）。
   A. 读标题栏→分析视图→分析尺寸→分析技术要求
   B. 分析视图→分析尺寸→分析技术要求→读标题栏
   C. 分析视图→分析技术要求→分析尺寸→读标题栏
   D. 分析视图→分析尺寸→读标题栏→分析技术要求
3. 企业在生产制造和加工检验中使用的图样是（　　）。
   A. 零件图　　　　B. 三视图　　　　C. 装配体　　　　D. 机件图
4. 读零件图时必须弄清零件的（　　）。
   A. 结构形状　　　　　　　　　　B. 尺寸大小
   C. 加工精度和其他要求　　　　　D. 以上三个都得弄清楚
5. 读一张零件图，分析其技术要求时，要分析其（　　）。
   A. 尺寸精度要求　　B. 几何公差要求　　C. 表面结构要求　　D. 以上三个方面都要分析

 活动二　任务实施，完成任务

根据任务要求，完成泵体零件图的识读。（10分）

活动三　实战演练，提高绘图技能

一、读轴零件图，回答问题。（12.5分）

1. 该零件在四类典型零件中属于_____类零件，由_____个图形表达，有_____个基本视图、两个_____图、两个_____图和一个_____图。

2. 该零件的比例是_____，材料是_____。

3. 用符号▲指出轴向和径向的主要尺寸基准。

4. 左端孔$\frac{M6\downarrow20}{25}$的含义_____，$\phi3H7\downarrow6$的含义是_____。

5. 主视图中左端面倒角处 C1 表示_____，局部放大图中 3×1 表示_____。

6. 轴右端键槽的长度是_____，键槽宽是_____，两键槽的定位尺寸是_____。

7. $\phi44$ 圆柱体左右端面对两处 $\phi35k6$ 的公共轴线的圆跳动公差为 0.02mm，将其代号标注在主视图上。

8. 用 AutoCAD 抄画零件图。

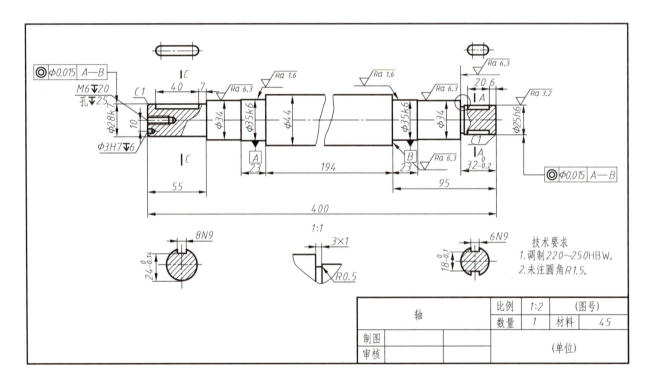

二、读端盖零件图，回答问题。（12.5分）

1. 该零件共用了____个视图，主视图采用了_____剖视图。

2. 该零件在四类典型零件中属于_____类零件。

3. ⊥ 0.03 B 中的被测要素为_____，基准要素为_____，检测项目是_____，公差值是_____。

4. 4×ϕ9mm 的定位尺寸是_____。

5. 4×ϕ9EQS 的含义是_____。

6. 端盖表面质量要求最高的表面是_____，其表面粗糙度 Ra 值为_____。

7. 标题栏中 HT200 表示_____。

8. 用 AutoCAD 抄画零件图。

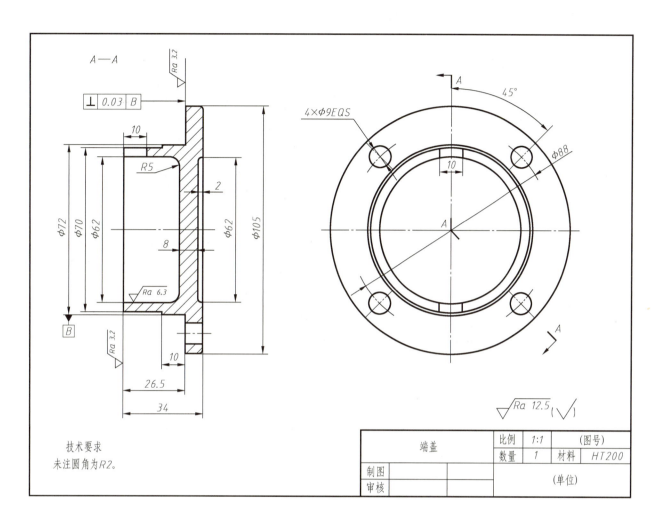

三、读拨叉零件图，回答问题。（12.5 分）

1. 该零件的名称是_____，材料是_____，比例是_____。
2. 该零件共有____个视图，主视图采用了_____剖视，表达_____，左视图采用了____剖视，表达_____。
3. A 向视图是_____视图，B—B 视图是_____视图。
4. 用符号▲指出长、宽、高方向的尺寸基准。
5. 孔 φ22H7 的上极限尺寸是_____，下极限尺寸是_____。
6. 该零件支承板、肋板的厚度是_____。
7. A 向视图中，22 是_____尺寸，18 是_____尺寸。
8. 主视图下部轴孔内表面的表面粗糙度值是_____，表示_____，该零件表面粗糙度要求最高的是_____。
9. ⊥ 0.05 C 被测要素是_____，基准要素是_____，几何公差项目是_____，公差值是_____。

10. 用 AutoCAD 抄画零件图。

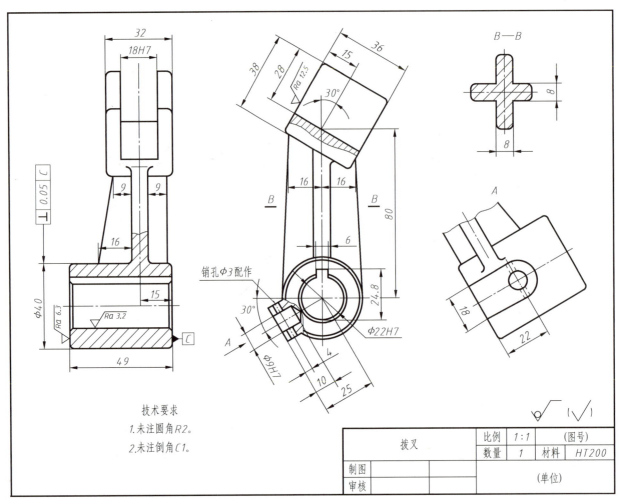

四、读座体零件图，回答问题。（12.5分）

1. 该零件图采用的比例是_____，材料是_____，由___个图形组成。

2. A 向视图中 155 是_____尺寸，表示_____。

3. 主视图采用____剖视图，$\phi 80K7(^{+0.009}_{-0.021})$ 的上极限尺寸是_____，下极限尺寸是_____。

4. 该零件有___个螺纹孔，尺寸标注是_____，其含义是_____。

5. ∥ 0.03 B 所指的被测要素是_____，基准要素是_____，检验项目是_____，公差值是_____。

6. 该零件右端的表面粗糙度值是_____，底面的表面粗糙度值是_____。

7. 该零件有___个沉孔，尺寸是_____，其表面粗糙度值是_____。

8. 左视图底面 5、110、150、190 几个尺寸中，定位尺寸有_____，定形尺寸有_____。

9. 用 AutoCAD 抄画零件图。

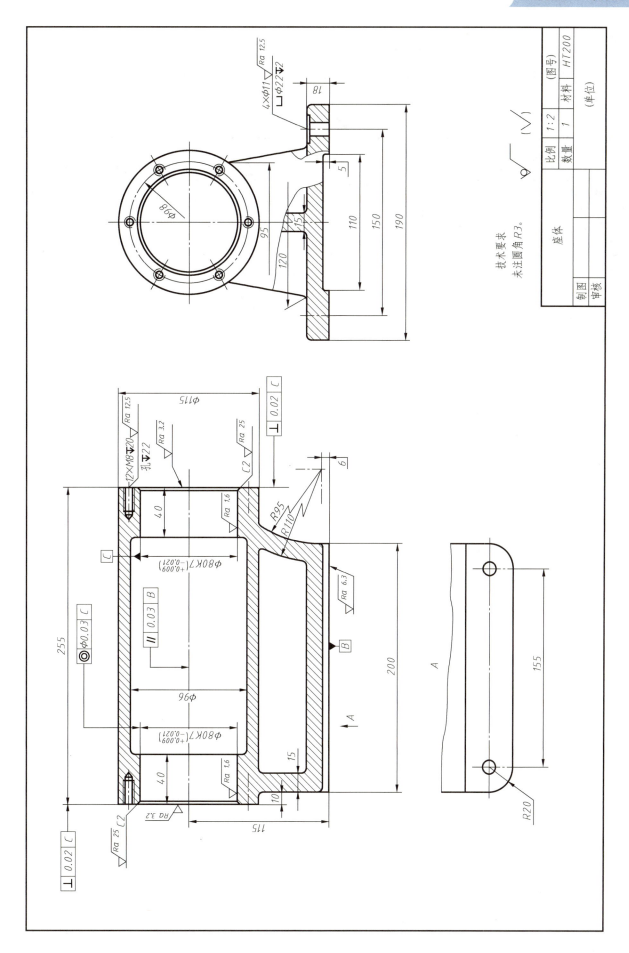

活动四　检查评价，进行自我总结

请你根据任务完成情况，进行自评、小组互评，取长补短，查找不足，完成任务总结。教师根据成绩，进行点评。

评 分 标 准

过程考核	项目名称	考核内容与要求		配分	得分		
					自评	小组互评	教师总评
课前学习 （30分）	自主预习	完成任务，并回答正确		20			
	测试任务	完成测试，并回答正确		10			
课中学习 （10分）	任务实施	能够正确识读泵体零件图		10			
课后学习 （50分）	实战演练	能够正确识读零件图；问题回答正确	练习一	12.5			
			练习二	12.5			
			练习三	12.5			
			练习四	12.5			
综合素质 （10分）	考勤	按时上课，不迟到、不早退		4			
	自主学习	线下、线上自主学习，分析解决问题的能力		2			
	工匠精神	敬业、精益、专注、创新等方面的工匠精神		2			
	职业道德	认真负责、踏实敬业的工作态度和严谨求实、一丝不苟的工作作风		2			
		合计		100			
	总分（自评占比20%，小组互评占比30%，教师评价占比50%）						

任务总结：

1. 掌握了哪些知识与技能：

2. 心得体会及经验教训：

3. 其他收获：

4. 任务未完成，未完成的原因：

教师点评：

项目四 零件测绘

任务 端盖的测绘

现根据给定的某企业生产的端盖（图 8-8），进行测绘，完成端盖零件图。

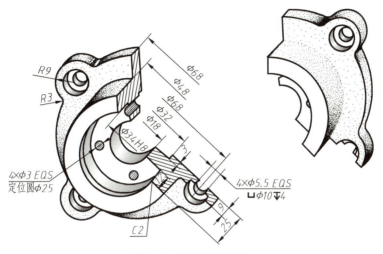

图 8-8 端盖的轴测图

活动一 接受任务，课前自主预习

请课前认真阅读教材，查阅相关书籍，通过个人学习、小组讨论，运用信息查找等方法，完成以下任务。（每题 10 分，共 20 分）

1. 请简要说明零件测绘的基本步骤。

2. 请简要说明如何表达轮盘类零件。

预习结束，完成测试任务。

选择题（每题 2 分，共 20 分）

1. 为了避免应力集中产生裂纹，将轴肩处往往加工成（ ）的过渡形式。
   A. 倒角　　　　　B. 斜度　　　　　C. 倒圆　　　　　D. 锥度
2. 国家标准没有规定尺寸的工艺结构是（ ）。
   A. 中心孔　　　　B. 起模斜度　　　C. 退刀槽　　　　D. 砂轮越程槽
3. 铸造圆角的大小一般为 $R3 \sim R5$ mm，在零件图上（ ）。
   A. 铸造圆角必须画出
   B. 铸造圆角一律不画
   C. 铸造圆角可画可不画
   D. 铸造圆角可画可不画，圆角尺寸可以在技术要求中统一说明

4. 起模斜度是（　　）常有的工艺结构。
   A. 铸件　　　　　　B. 冷拔件　　　　　C. 型材　　　　　　D. 机械加工件
5. 凸台和凹坑是（　　）常有的工艺结构。
   A. 铸件　　　　　　B. 冷拔件　　　　　C. 型材　　　　　　D. 机械加工件
6. 国家标准规定，可见的过渡线用（　　）绘制。
   A. 粗实线　　　　　B. 细实线　　　　　C. 细点画线　　　　D. 细虚线
7. 中心孔是（　　）类零件具有的典型工艺结构。
   A. 轴　　　　　　　B. 轮盘　　　　　　C. 叉架　　　　　　D. 箱体
8. 毛坯采用铸造方法生产的零件最有可能是（　　）零件。
   A. 轴类　　　　　　B. 套类　　　　　　C. 盘类　　　　　　D. 叉架类
9. 退刀槽和砂轮越程槽是（　　）类零件具有的典型工艺结构。
   A. 轴套类　　　　　B. 轮盘类　　　　　C. 叉架类　　　　　D. 箱体类
10. 零件上常见的铸造工艺结构有（　　）。
    A. 倒角　　　　　　B. 倒圆角　　　　　C. 过渡线　　　　　D. 退刀槽

活动二　任务实施，完成任务

根据任务要求，完成端盖零件图的绘制。（10分）

活动三　实战演练，提高绘图技能

要求：

1) 根据零件的轴测图（或实物），选择表达方案，徒手画出零件的草图，用 A3 图纸或坐标纸。
2) 根据零件草图，测量零件尺寸并选择技术要求。
3) 绘制完成零件图，绘图比例和图幅自定。

练习一。（20 分）

参照轴测图按 1∶1 的比例绘制零件图。

注：该零件为对称结构。

名称：轴承座

材料：HT150

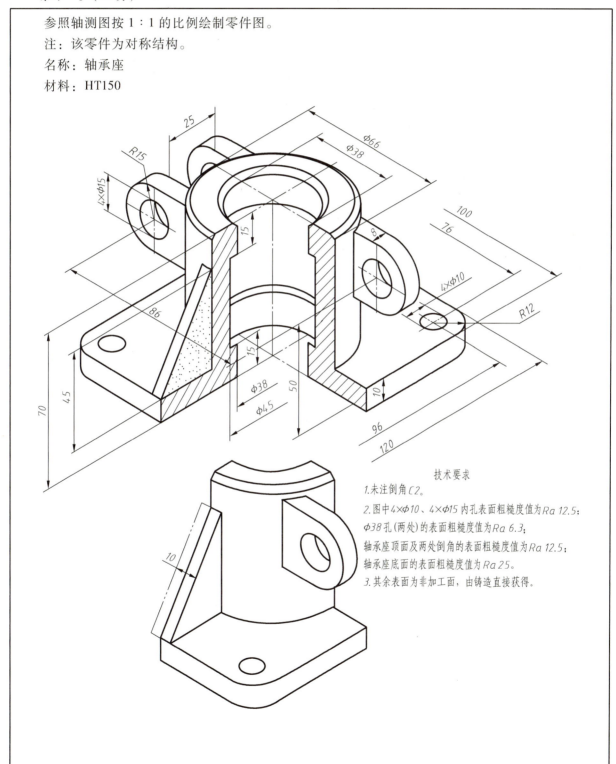

技术要求

1. 未注倒角C2。
2. 图中4×φ10、4×φ15 内孔表面粗糙度值为Ra 12.5；
φ38 孔(两处)的表面粗糙度值为Ra 6.3；
轴承座顶面及两处倒角的表面粗糙度值为Ra 12.5；
轴承座底面的表面粗糙度值为Ra 25。
3. 其余表面为非加工面，由铸造直接获得。

练习二。(20分)

参照轴测图按1:1的比例绘制零件图。
名称：轴
材料：45

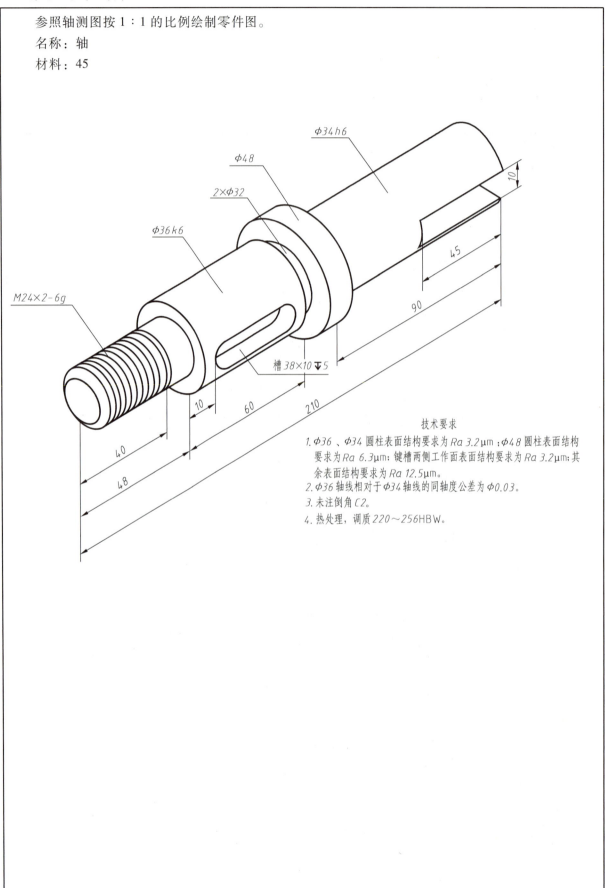

技术要求
1. φ36、φ34圆柱表面结构要求为Ra 3.2μm；φ48圆柱表面结构要求为Ra 6.3μm；键槽两侧工作面表面结构要求为Ra 3.2μm；其余表面结构要求为Ra 12.5μm。
2. φ36轴线相对于φ34轴线的同轴度公差为φ0.03。
3. 未注倒角C2。
4. 热处理，调质220~256HBW。

活动四　检查评价，进行自我总结

请你根据任务完成情况，进行自评、小组互评，取长补短，查找不足，完成任务总结。教师根据成绩，进行点评。

评 分 标 准

过程考核	项目名称	考核内容与要求		配分	得分		
					自评	小组互评	教师总评
课前学习 （40分）	自主预习	完成任务，并回答正确		20			
	测试任务	完成测试，并回答正确		20			
课中学习 （10分）	任务实施	测量准确，草图绘制正确		3			
		图形结构完整，图线使用符合制图国家标准，尺寸标注正确合理		7			
课后学习 （40分）	实战演练	视图表达合理；图形结构完整；图线使用符合制图国家标准；尺寸标注正确合理	练习一	20			
			练习二	20			
综合素质 （10分）	考勤	按时上课，不迟到、不早退		4			
	自主学习	线下、线上自主学习，分析解决问题的能力		2			
	工匠精神	敬业、精益、专注、创新等方面的工匠精神		2			
	职业道德	认真负责、踏实敬业的工作态度和严谨求实、一丝不苟的工作作风		2			
合计				100			
总分（自评占比20%，小组互评占比30%，教师评价占比50%）							

任务总结：

1. 掌握了哪些知识与技能：_____

2. 心得体会及经验教训：_____

3. 其他收获：_____

4. 任务未完成，未完成的原因：_____

教师点评：

模块九 装配图

项目一 识读装配图

任务一 识读机用虎钳装配图

识读主教材机用虎钳装配图，掌握装配图的识读方法。

活动一 接受任务，课前自主预习

请课前认真阅读教材，查阅相关书籍，通过个人学习、小组讨论，运用信息查找等方法，完成以下任务。（每题10分，共20分）

1. 请简要说明一张完整的装配图包含哪几部分。
_____
_____

2. 请简要说明读装配图的步骤。
_____
_____
_____

预习结束，完成测试任务。

选择题（每题2分，共20分）

1. 两零件的接触表面，同方向一般允许（　　）对接触面。
   A. 1　　　　　　　B. 2　　　　　　　C. 若干　　　　　　D. 以上都可以

2. 对薄片零件、细丝弹簧和微小间隙等，若按其实际尺寸在装配图上很难画出或难以明显表示时，可采用（　　）画法。
   A. 局部放大　　　B. 夸大　　　　　　C. 省略不画　　　　D. 涂黑

3. 对于装配图中若干相同的零件组（如螺栓连接），可仅详细地画出一组或几组，其余只需用（　　）表示其位置即可。
   A. 粗实线　　　　B. 细实线　　　　　C. 细虚线　　　　　D. 细点画线

4. 在装配图的规定画法中，同一零件在各视图上的剖面线方向和间隔必须（　　）。
   A. 不一致　　　　B. 一致　　　　　　C. 可一致可不一致　D. 相反

5. 对于螺栓、螺母、垫圈等紧固件以及轴、手柄、连杆、拉杆等实心零件，若按纵向剖切，且剖切平面通过其对称平面或轴线时，这些零件均按（　　）绘制。
   A. 剖切　　　　　B. 不剖　　　　　　C. 局部剖切　　　　D. 斜视图

6. 装配图和零件图比较，装配图比零件图少（　　）。
   A. 表面粗糙度　　　B. 尺寸公差　　　C. 几何公差　　　D. 以上答案都对
7. 下面关于装配图画法错误的是（　　）。
   A. 接触面画一条线　　　　　　　　B. 非接触面画两条线
   C. 当两个面的间隙较小时画一条线　　D. 当两个面的间隙较大时画两条线
8. 在装配图中，运动零件的一个极限位置用粗实线绘制，另一个极限位置用（　　）绘制。
   A. 细点画线　　　B. 细双点画线　　　C. 细实线　　　D. 细虚线
9. 装配图的主要作用是（　　）。
   A. 表达零件结构　　　　　　　　B. 表达机器或部件的大小
   C. 表达零件或部件的装配关系　　D. 表达机器或部件的技术要求
10. 装配图中的技术要求不包括（　　）。
    A. 装配要求　　　B. 检验要求　　　C. 使用要求　　　D. 加工要求

活动二　任务实施，完成任务

根据任务要求，识读机用虎钳装配图。（10分）

活动三　实战演练，提高绘图技能

练习一、读120°孔钻模装配图并回答问题（20分）

工作原理：

该钻模是钻床上一种为带有均匀分布孔的圆盘类零件钻孔的专用件。工件装夹在底座1和钻模板2之间，对准钻套3即可较准确地钻削工件$\phi130\pm0.02$mm圆周上分布为120°的圆孔。更换钻套可加工不同直径的圆孔。

1. 该装配体由_____种零件组成，有_____个标准件。
2. 该装配体由_____个视图表达，分别是_____、_____和_____。各视图分别采用了_____剖视和_____画法。被加工工件采用了_____画法表达。
3. 零件6在剖视图中按不剖处理，仅画出外形，原因是_____。
4. 根据视图想象零件形状，分析零件类型。

   属于轴套类零件有：_____、_____、_____。

   属于轮盘类零件有：_____、_____。

   属于箱体类零件有：_____。
5. $\phi50H7/h6$是件_____和件_____的配合。

练习二、读换向阀装配图并回答问题（20分）

工作原理：

换向阀是安装在管路中控制液体流动方向的装置。图示油液由下方进油口经阀门1中通道流往阀体2左端出油口。当手柄7顺时针旋转90°时，阀杆3和阀门1同时旋转，从而关闭阀体2左端通道，并打开其后端通道，实现油液流向的控制。

1. 该装配体是通过_____安装到管路中的。
2. 分析阀门1的结构形状，工作时是靠_____来拨动的。
3. $M90\times2$表示_____牙_____螺纹，2是_____；$G1\frac{1}{2}$表示_____螺纹，$1\frac{1}{2}$是_____。
4. $\phi20\frac{H8}{f8}$表示件_____和件_____是_____制_____配合。

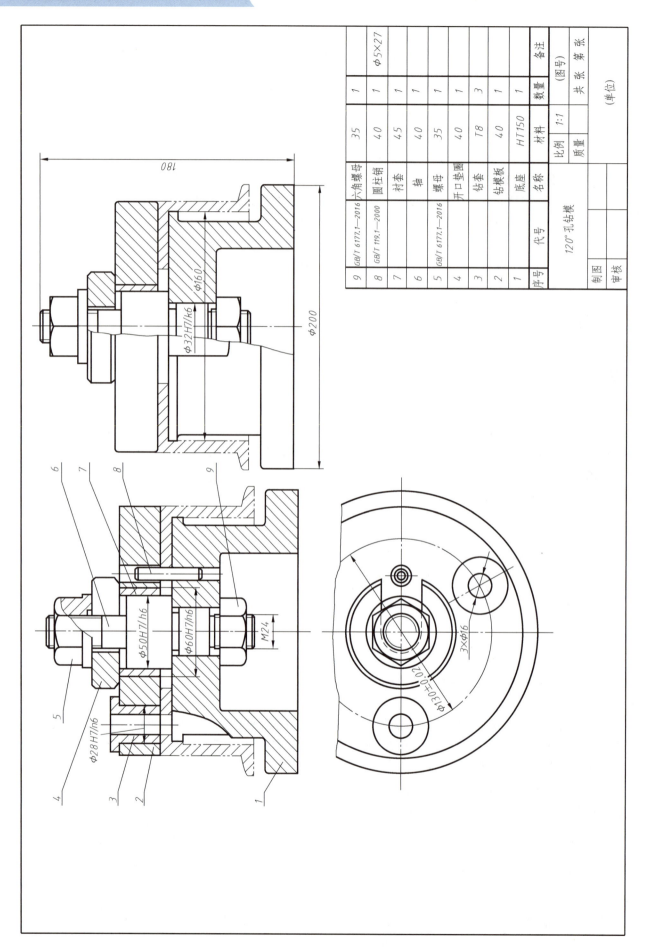

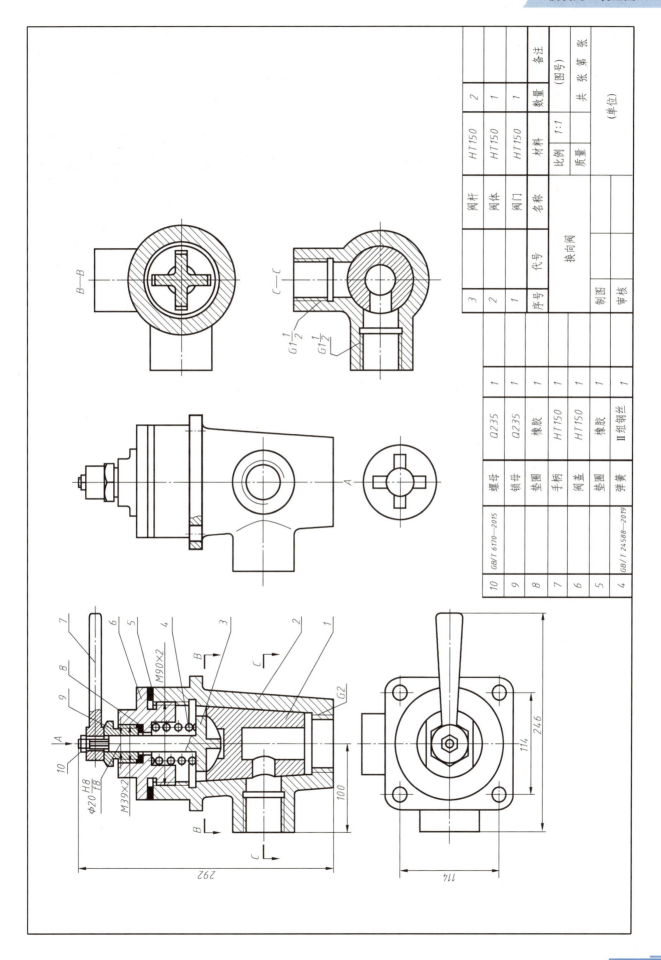

活动四　检查评价，进行自我总结

请你根据任务完成情况，进行自评、小组互评，取长补短，查找不足，完成任务总结。教师根据成绩，进行点评。

评 分 标 准

过程考核	项目名称	考核内容与要求	配分	得分		
				自评	小组互评	教师总评
课前学习 （40分）	自主预习	完成任务，并回答正确	20			
	测试任务	完成测试，并回答正确	20			
课中学习 （10分）	任务实施	能够正确识读机用虎钳装配图	4			
		了解机用虎钳工作原理和装配关系	3			
		读懂机用虎钳零件结构形状	3			
课后学习 （40分）	实战演练	能够正确识读装配图；完成读图练习　练习一	20			
		练习二	20			
综合素质 （10分）	考勤	按时上课，不迟到、不早退	4			
	自主学习	线下、线上自主学习，分析解决问题的能力	2			
	工匠精神	敬业、精益、专注、创新等方面的工匠精神	2			
	职业道德	认真负责、踏实敬业的工作态度和严谨求实、一丝不苟的工作作风	2			
合计			100			
总分（自评占比 20%，小组互评占比 30%，教师评价占比 50%）						

任务总结：

1. 掌握了哪些知识与技能：_____

2. 心得体会及经验教训：_____

3. 其他收获：_____

4. 任务未完成，未完成的原因：_____

教师点评：

任务二　根据装配图拆画钳座零件图

在全面读懂主教材机用虎钳装配图的基础上,按照零件图的内容和要求拆画钳座零件图。

 活动一　接受任务,课前自主预习

请课前认真阅读教材,查阅相关书籍,通过个人学习、小组讨论,运用信息查找等方法,完成以下任务。(每题10分,共30分)

1. 请简要说明拆画零件图的要求。

2. 请简要说明按零件的不同情况零件可分为哪几类。

3. 请简要说明拆画零件图时尺寸应如何处理。

 活动二　任务实施,完成任务

根据任务要求,识读虎钳装配图,完成钳座零件图的绘制。(20分)

活动三 实战演练，提高绘图技能

读铣刀头装配图，按 1:2 拆画 7 号件轴、11 号件端盖的零件图，只标注已知尺寸，不须注写技术要求。（40分）

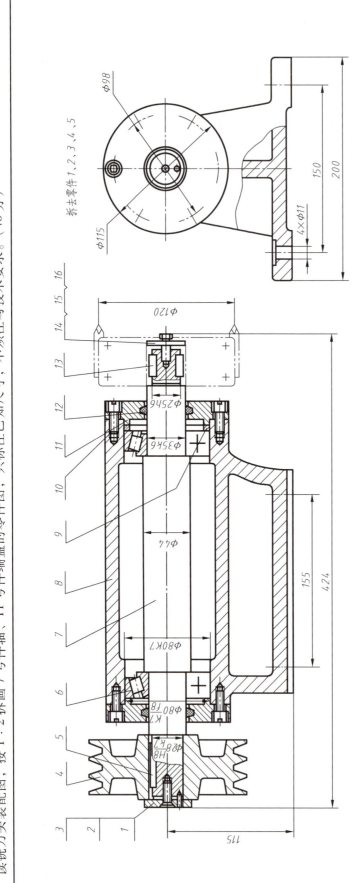

活动四 检查评价,进行自我总结

请你根据任务完成情况,进行自评、小组互评,取长补短,查找不足,完成任务总结。教师根据成绩,进行点评。

评 分 标 准

过程考核	项目名称	考核内容与要求		配分	得分		
					自评	小组互评	教师总评
课前学习 (30分)	自主预习	完成任务,并回答正确		30			
课中学习 (20分)	任务实施	视图表达合理,图形完整、正确		7			
		尺寸标注完整正确		5			
		技术要求标注完整正确		4			
		图线使用符合制图国家标准		2			
		图样干净、整洁		2			
课后学习 (40分)	实战演练	视图表达合理,图形完整、正确;尺寸标注完整正确;图线使用符合制图国家标准;图样干净、整洁	轴	20			
			端盖	20			
综合素质 (10分)	考勤	按时上课,不迟到、不早退		4			
	自主学习	线下、线上自主学习,分析解决问题的能力		2			
	工匠精神	敬业、精益、专注、创新等方面的工匠精神		2			
	职业道德	认真负责、踏实敬业的工作态度和严谨求实、一丝不苟的工作作风		2			
		合计		100			
总分(自评占比20%,小组互评占比30%,教师评价占比50%)							

任务总结:

1. 掌握了哪些知识与技能:

2. 心得体会及经验教训:

3. 其他收获:

4. 任务未完成,未完成的原因:

教师点评:

项目二　绘制装配图

任务　绘制滑动轴承装配图

活动一　接受任务，课前自主预习

请课前认真阅读教材，查阅相关书籍，通过个人学习、小组讨论，运用信息查找等方法，完成以下任务。（10分）

请简要说明绘制装配图的步骤。

_____

_____

_____

_____

预习结束，完成测试任务。

选择题（每题2分，共20分）

1. 装配图中零、部件的序号，应与（　　）中的序号一致。
   A. 明细栏　　　　　B. 零件图　　　　　C. 标题栏　　　　　D. 图号
2. 在编制装配图序号时，下列表示零件的指引线画法的说法（　　）正确。
   A. 指引线应尽可能分布均匀　　　　B. 与轮廓线平行
   C. 与剖面线平行　　　　　　　　　D. 相互平行
3. 明细栏内容没有的是（　　）。
   A. 零件序号　　　　B. 名称　　　　　　C. 比例　　　　　　D. 数量
4. 很薄的零件编制序号时，指引线的末端用（　　）表示。
   A. 圆点　　　　　　B. 箭头　　　　　　C. 文字　　　　　　D. 斜线
5. 两个零件装配在一起时，如果有一对相交的接触面，在转角处不能制作成（　　）。
   A. 倒角　　　　　　B. 圆角　　　　　　C. 凹槽　　　　　　D. 尖角
6. 明细栏的最上面的一条横线是（　　）。
   A. 粗实线　　　　　B. 细实线　　　　　C. 中粗线　　　　　D. 细点画线
7. 装配体中零件或部件的编号要（　　）。
   A. 按零件种类排列　　　　　　　　B. 按序号大小随意排列
   C. 按序号大小顺时针或逆时针排列　　D. 以上三个答案都不对
8. 滚动轴承应考虑装配与拆卸的方便和可能，轴肩径应（　　）轴承内圈外径。
   A. 小于　　　　　　B. 大于　　　　　　C. 等于　　　　　　D. 都可以
9. 明细栏中的序号一列，序号应（　　）填写。
   A. 自下而上　　　　B. 自上而下　　　　C. 自左向右　　　　D. 自右向左
10. 为了防止螺纹连接件在工作中松开，通常采用防松装置。下列零件不能起到防松作用的是（　　）。
    A. 圆垫圈　　　　　B. 止动垫圈　　　　C. 弹簧垫圈　　　　D. 开口销

活动二　任务实施，完成任务

根据任务要求，完成滑动轴承装配图的绘制。（20分）

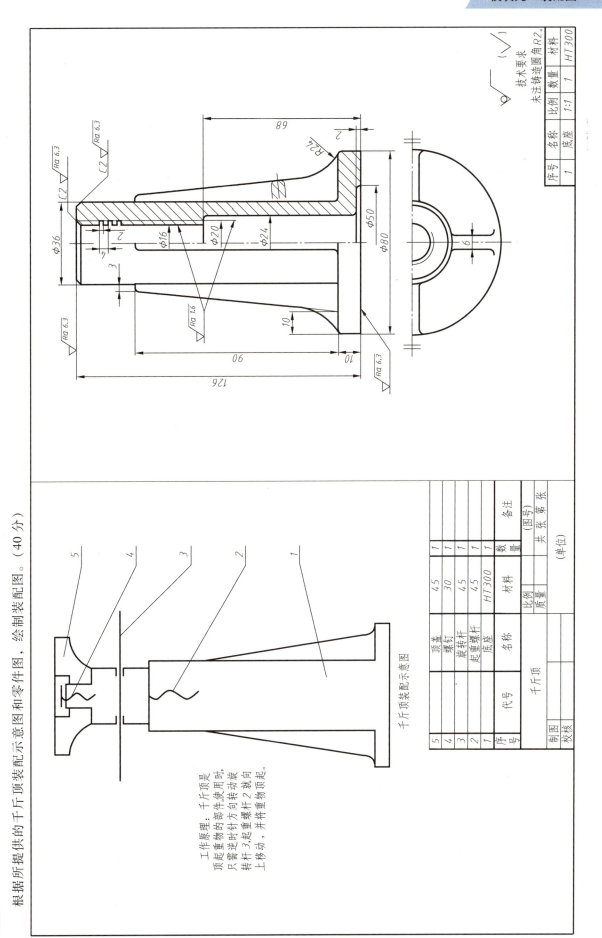

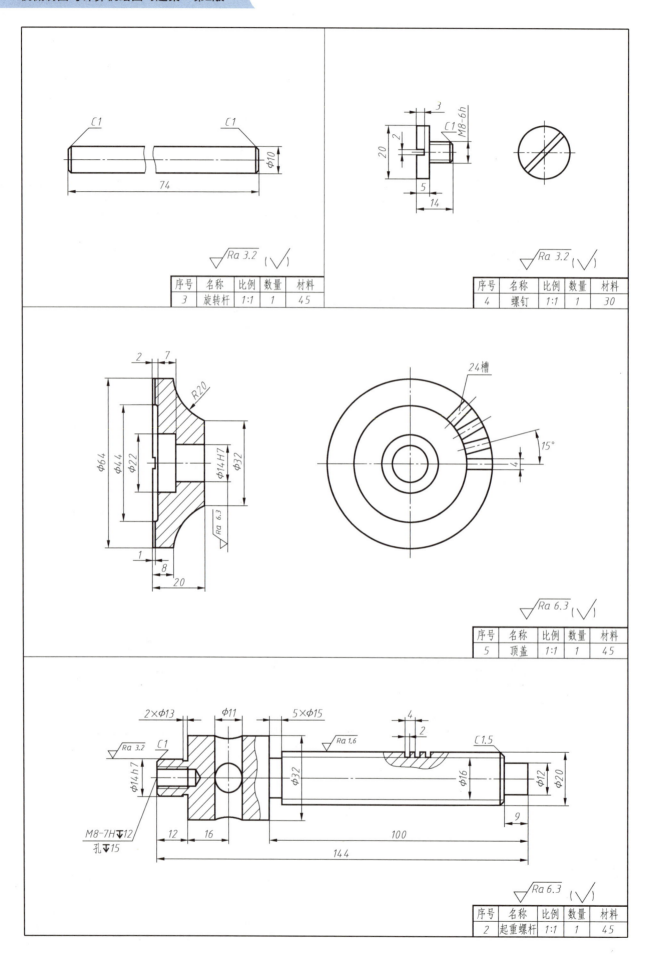

活动四　检查评价，进行自我总结

请你根据任务完成情况，进行自评、小组互评，取长补短，查找不足，完成任务总结。教师根据成绩，进行点评。

评 分 标 准

过程考核	项目名称	考核内容与要求	配分	得分		
				自评	小组互评	教师总评
课前学习 （30分）	自主预习	完成任务，并回答正确	10			
	测试任务	完成测试，并回答正确	20			
课中学习 （20分）	任务实施	表达方案合理，图形完整、正确	10			
		尺寸标注、序号、技术要求标注完整、正确	4			
		标题栏、明细栏填写完整、正确	2			
		图线使用符合制图国家标准	2			
		图样干净、整洁	2			
课后学习 （40分）	实战演练	表达方案合理，图形完整、正确	25			
		尺寸标注、序号、技术要求标注完整、正确	7			
		标题栏、明细栏填写完整、正确	4			
		图线使用符合制图国家标准	2			
		图样干净、整洁	2			
综合素质 （10分）	考勤	按时上课，不迟到、不早退	4			
	自主学习	线下、线上自主学习，分析解决问题的能力	2			
	工匠精神	敬业、精益、专注、创新等方面的工匠精神	2			
	职业道德	认真负责、踏实敬业的工作态度和严谨求实、一丝不苟的工作作风	2			
合计			100			
总分（自评占比20%，小组互评占比30%，教师评价占比50%）						

任务总结：

1. 掌握了哪些知识与技能：

2. 心得体会及经验教训：

3. 其他收获：

4. 任务未完成，未完成的原因：

教师点评：

模块十 计算机绘图

项目一 用 AutoCAD 绘制平面图形

任务一 用 AutoCAD 绘制支架平面图

用 AutoCAD 绘制图 10-1 所示支架平面图。

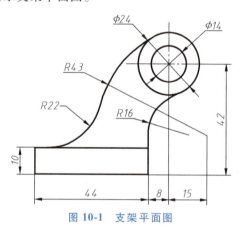

图 10-1 支架平面图

✏️ 活动一 接受任务，课前自主预习

请课前认真阅读教材，查阅相关书籍，通过个人学习、小组讨论，运用信息查找等方法，完成以下任务。（每题 5 分，共 20 分）

1. 请按照机械制图的要求，对图形进行线段和尺寸分析。

2. 请简要说明在 AutoCAD 中鼠标各键的作用。

3. 请简要说明在 AutoCAD 中用哪个命令可以创建平行对象，并说明创建方式有哪几种。

4. 请简要说明在 AutoCAD 中有几种绘制圆的方式，分别是什么。

✏️ 活动二 任务实施，完成任务

根据任务要求，用 AutoCAD 完成支架平面图的绘制。（10 分）

模块十 计算机绘图

活动三 实战演练，提高绘图技能

用 AutoCAD 绘制平面图形。（每题 15 分，共 60 分）

活动四　检查评价，进行自我总结

请你根据任务完成情况，进行自评、小组互评，取长补短，查找不足，完成任务总结。教师根据成绩，进行点评。

评 分 标 准

过程考核	项目名称	考核内容与要求		配分	得分		
					自评	小组互评	教师总评
课前学习（20分）	自主预习	完成任务，并回答正确		20			
课中学习（10分）	任务实施	正确设置图层颜色、线型、线宽		3			
		图形绘制完整、正确；图层选择正确		7			
课后学习（60分）	实战演练	正确设置图层颜色、线型、线宽；图形绘制完整、正确；图层选择正确	练习1	15			
			练习2	15			
			练习3	15			
			练习4	15			
综合素质（10分）	考勤	按时上课，不迟到、不早退		4			
	自主学习	线下、线上自主学习，分析解决问题的能力		2			
	工匠精神	敬业、精益、专注、创新等方面的工匠精神		2			
	职业道德	认真负责、踏实敬业的工作态度和严谨求实、一丝不苟的工作作风		2			
合计				100			
总分（自评占比20%，小组互评占比30%，教师评价占比50%）							

任务总结：

1. 掌握了哪些知识与技能：

2. 心得体会及经验教训：

3. 其他收获：

4. 任务未完成，未完成的原因：

教师点评：

任务二　用 AutoCAD 绘制吊钩平面图

用 AutoCAD 绘制图 10-2 所示吊钩平面图。

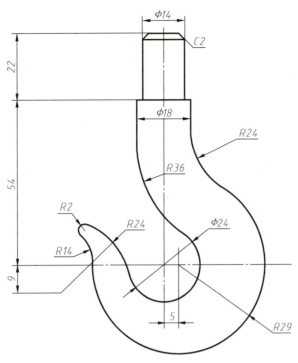

图 10-2　吊钩平面图

活动一　接受任务，课前自主预习

请课前认真阅读教材，查阅相关书籍，通过个人学习、小组讨论，运用信息查找等方法，完成以下任务。（每题 5 分，共 15 分）

1. 请按照机械制图的要求，对图形进行线段和尺寸分析。

2. 请简要说明在 AutoCAD 中用哪个命令可以绘制倒角。

3. 请简要说明在 AutoCAD 中用哪个命令可以绘制相切圆弧。

活动二　任务实施，完成任务

根据任务要求，用 AutoCAD 完成吊钩平面图的绘制。（15 分）

活动三　实战演练，提高绘图技能

用 AutoCAD 绘制平面图形。(每题 15 分，共 60 分)

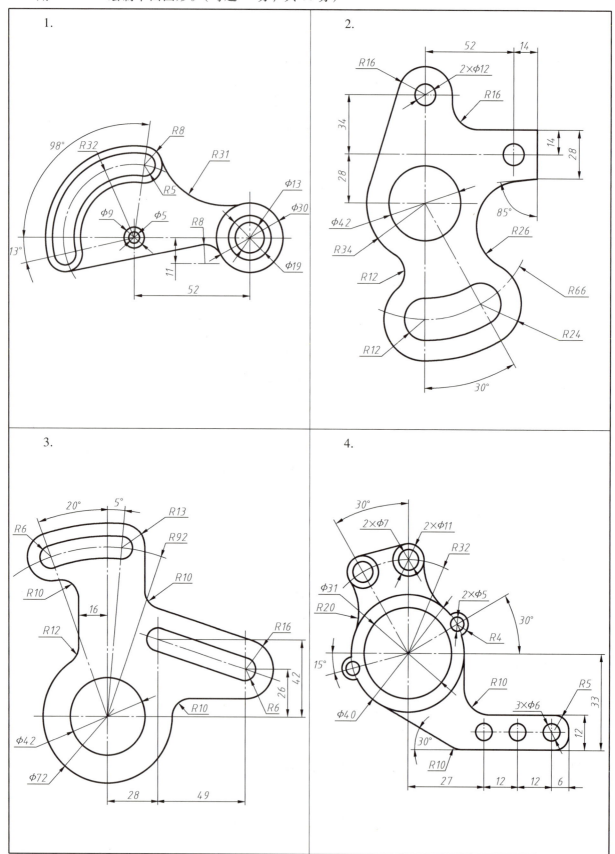

活动四 检查评价，进行自我总结

请你根据任务完成情况，进行自评、小组互评，取长补短，查找不足，完成任务总结。教师根据成绩，进行点评。

评 分 标 准

过程考核	项目名称	考核内容与要求		配分	得分		
					自评	小组互评	教师总评
课前学习 （15分）	自主预习	完成任务，并回答正确		15			
课中学习 （15分）	任务实施	正确设置图层颜色、线型、线宽		3			
		图形绘制完整、正确；图层选择正确		12			
课后学习 （60分）	实战演练	正确设置图层颜色、线型、线宽；图形绘制完整、正确；图层选择正确	练习1	15			
			练习2	15			
			练习3	15			
			练习4	15			
综合素质 （10分）	考勤	按时上课，不迟到、不早退		4			
	自主学习	线下、线上自主学习，分析解决问题的能力		2			
	工匠精神	敬业、精益、专注、创新等方面的工匠精神		2			
	职业道德	认真负责、踏实敬业的工作态度和严谨求实、一丝不苟的工作作风		2			
		合计		100			
	总分（自评占比20%，小组互评占比30%，教师评价占比50%）						

任务总结：

1. 掌握了哪些知识与技能：

2. 心得体会及经验教训：

3. 其他收获：

4. 任务未完成，未完成的原因：

教师点评：

任务三　用 AutoCAD 绘制平面图形

用 AutoCAD 绘制图 10-3 所示平面图形。

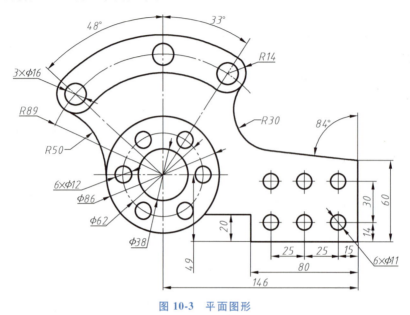

图 10-3　平面图形

 活动一　接受任务，课前自主预习

请课前认真阅读教材，查阅相关书籍，通过个人学习、小组讨论，运用信息查找等方法，完成以下任务。（每题 5 分，共 15 分）

1. 请按照机械制图的要求，对图形进行尺寸分析。

2. 请简要说明在 AutoCAD 中如何绘制斜线。

3. 请简要说明在 AutoCAD 中如何进行有规律的多重复制，并说明有几种方式。

 活动二　任务实施，完成任务

根据任务要求，用 AutoCAD 完成平面图形的绘制。（15 分）

模块十 计算机绘图

活动三 实战演练，提高绘图技能

用 AutoCAD 绘制平面图形。（每题 15 分，共 60 分）

1.

2.

3.

4.

活动四　检查评价，进行自我总结

请你根据任务完成情况，进行自评、小组互评，取长补短，查找不足，完成任务总结。教师根据成绩，进行点评。

评 分 标 准

过程考核	项目名称	考核内容与要求		配分	得分		
					自评	小组互评	教师总评
课前学习（15分）	自主预习	完成任务，并回答正确		15			
课中学习（15分）	任务实施	正确设置图层颜色、线型、线宽		3			
		图形绘制完整、正确；图层选择正确		12			
课后学习（60分）	实战演练	正确设置图层颜色、线型、线宽；图形绘制完整、正确；图层选择正确	练习1	15			
			练习2	15			
			练习3	15			
			练习4	15			
综合素质（10分）	考勤	按时上课，不迟到、不早退		4			
	自主学习	线下、线上自主学习，分析解决问题的能力		2			
	工匠精神	敬业、精益、专注、创新等方面的工匠精神		2			
	职业道德	认真负责、踏实敬业的工作态度和严谨求实、一丝不苟的工作作风		2			
		合计		100			
		总分（自评占比20%，小组互评占比30%，教师评价占比50%）					

任务总结：

1. 掌握了哪些知识与技能：

2. 心得体会及经验教训：

3. 其他收获：

4. 任务未完成，未完成的原因：

教师点评：

项目二　用 AutoCAD 绘制组合体三视图

任务　用 AutoCAD 绘制支座三视图

用 AutoCAD 绘制图 10-4 所示支座的三视图。

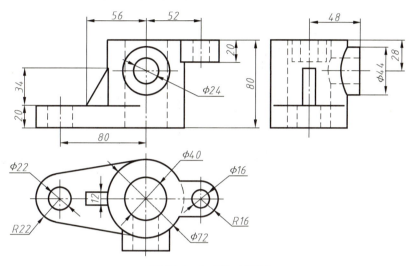

图 10-4　支座的三视图

活动一　接受任务，课前自主预习

请课前认真阅读教材，查阅相关书籍，通过个人学习、小组讨论，运用信息查找等方法，完成以下任务。（每题 5 分，共 15 分）

1. 请对支座进行形体分析。

2. 请简要说明在 AutoCAD 中通常需要设置哪几种文字样式。

3. 请列举几种在 AutoCAD 中常用的控制符并说明其功能。

活动二　任务实施，完成任务

根据任务要求，用 AutoCAD 完成支座三视图的绘制。（15 分）

活动三 实战演练，提高绘图技能

用 AutoCAD 绘制三视图。（每题 15 分，共 60 分）

1.

2.

3.

4.

活动四　检查评价，进行自我总结

请你根据任务完成情况，进行自评、小组互评，取长补短，查找不足，完成任务总结。教师根据成绩，进行点评。

评 分 标 准

过程考核	项目名称	考核内容与要求		配分	得分		
					自评	小组互评	教师总评
课前学习 （15分）	自主预习	完成任务，并回答正确		15			
课中学习 （15分）	任务实施	正确设置图层颜色、线型、线宽		3			
		图形绘制完整、正确；图层选择正确		8			
		尺寸标注完整		4			
课后学习 （60分）	实战演练	正确设置图层颜色、线型、线宽；图形绘制完整、正确；图层选择正确；尺寸标注完整	练习1	15			
			练习2	15			
			练习3	15			
			练习4	15			
综合素质 （10分）	考勤	按时上课，不迟到、不早退		4			
	自主学习	线下、线上自主学习，分析解决问题的能力		2			
	工匠精神	敬业、精益、专注、创新等方面的工匠精神		2			
	职业道德	认真负责、踏实敬业的工作态度和严谨求实、一丝不苟的工作作风		2			
		合计		100			
总分（自评占比20%，小组互评占比30%，教师评价占比50%）							

任务总结：

1. 掌握了哪些知识与技能：_____

2. 心得体会及经验教训：_____

3. 其他收获：_____

4. 任务未完成，未完成的原因：_____

教师点评：

项目三　用 AutoCAD 绘制轴测图

任务　用 AutoCAD 绘制支座轴测图

根据图 10-5 所示支座的两视图，绘制其正等轴测图。

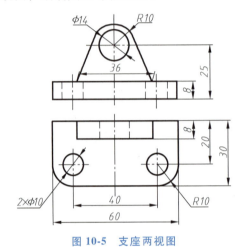

图 10-5　支座两视图

活动一　接受任务，课前自主预习

请课前认真阅读教材，查阅相关书籍，通过个人学习、小组讨论，运用信息查找等方法，完成以下任务。（每题 5 分，共 20 分）

1. 请对支座进行形体分析。

2. 请简要说明什么是正等轴测图。

3. 请说明正等轴测图的轴间角和轴向伸缩系数分别是多少。

4. 请画出在 AutoCAD 中的三种平面状态时的光标。

活动二　任务实施，完成任务

根据任务要求，用 AutoCAD 完成支座轴测图的绘制。（10 分）

活动三 实战演练，提高绘图技能

用 AutoCAD 绘制轴测图。（每题 15 分，共 60 分）

1.

2.

3.

4.

活动四　检查评价，进行自我总结

请你根据任务完成情况，进行自评、小组互评，取长补短，查找不足，完成任务总结。教师根据成绩，进行点评。

评 分 标 准

过程考核	项目名称	考核内容与要求		配分	得分		
					自评	小组互评	教师总评
课前学习（20分）	自主预习	完成任务,并回答正确		20			
课中学习（10分）	任务实施	正确设置图层颜色、线型、线宽		3			
		图形绘制完整、正确;图层选择正确		7			
课后学习（60分）	实战演练	正确设置图层颜色、线型、线宽;图形绘制完整、正确;图层选择正确	练习1	15			
			练习2	15			
			练习3	15			
			练习4	15			
综合素质（10分）	考勤	按时上课,不迟到、不早退		4			
	自主学习	线下、线上自主学习,分析解决问题的能力		2			
	工匠精神	敬业、精益、专注、创新等方面的工匠精神		2			
	职业道德	认真负责、踏实敬业的工作态度和严谨求实、一丝不苟的工作作风		2			
合计				100			
总分（自评占比20%,小组互评占比30%,教师评价占比50%）							

任务总结：

1. 掌握了哪些知识与技能：_____

2. 心得体会及经验教训：_____

3. 其他收获：_____

4. 任务未完成，未完成的原因：_____

教师点评：

项目四　用 AutoCAD 绘制剖视图

任务　用 AutoCAD 绘制机件的局部剖视图

用 AutoCAD 绘制图 10-6 所示机件视图。

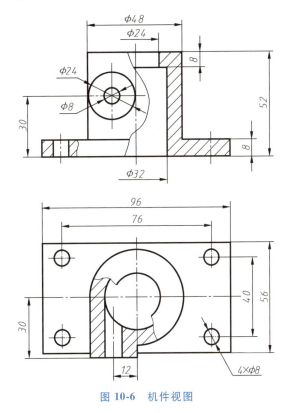

图 10-6　机件视图

活动一　接受任务，课前自主预习

请课前认真阅读教材，查阅相关书籍，通过个人学习、小组讨论，运用信息查找等方法，完成以下任务。（每题 5 分，共 15 分）

1. 请简要说明什么是全剖视图，以及全剖视图的适用范围。

2. 请简要说明什么是半剖视图，以及半剖视图的适用范围。

3. 请简要说明什么是局部剖视图，以及局部剖视图的适用范围。

活动二　任务实施，完成任务

根据任务要求，用 AutoCAD 完成机件视图的绘制。（15 分）

活动三 实战演练，提高绘图技能

用 AutoCAD 绘制剖视图。（每题 15 分，共 60 分）

1.

2.

3.

4.

活动四　检查评价，进行自我总结

请你根据任务完成情况，进行自评、小组互评，取长补短，查找不足，完成任务总结。教师根据成绩，进行点评。

评 分 标 准

过程考核	项目名称	考核内容与要求		配分	得分		
					自评	小组互评	教师总评
课前学习 （15分）	自主预习	完成任务，并回答正确		15			
课中学习 （15分）	任务实施	正确设置图层颜色、线型、线宽		3			
		图形绘制完整、正确；图层选择正确		7			
		剖面区域填充正确		3			
		尺寸标注完整		2			
课后学习 （60分）	实战演练	正确设置图层颜色、线型、线宽；图形绘制完整、正确；图层选择正确；剖面区域填充正确；尺寸标注完整	练习 1	15			
			练习 2	15			
			练习 3	15			
			练习 4	15			
综合素质 （10分）	考勤	按时上课，不迟到、不早退		4			
	自主学习	线下、线上自主学习，分析解决问题的能力		2			
	工匠精神	敬业、精益、专注、创新等方面的工匠精神		2			
	职业道德	认真负责、踏实敬业的工作态度和严谨求实、一丝不苟的工作作风		2			
		合计		100			
总分（自评占比20%，小组互评占比30%，教师评价占比50%）							

任务总结：

1. 掌握了哪些知识与技能：

2. 心得体会及经验教训：

3. 其他收获：

4. 任务未完成，未完成的原因：

教师点评：

项目五 用 AutoCAD 绘制零件图

任务 用 AutoCAD 绘制蜗轮轴零件图

用 AutoCAD 绘制图 10-7 所示蜗轮轴零件图。

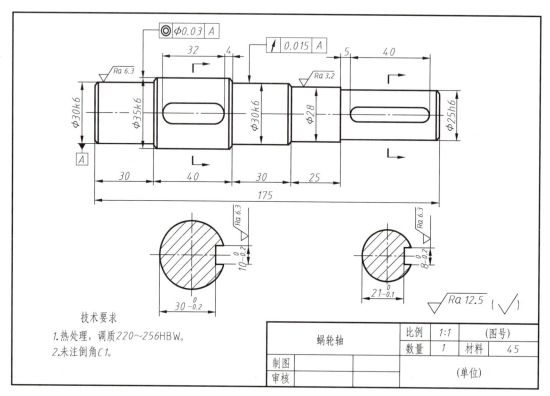

图 10-7 蜗轮轴零件图

活动一 接受任务，课前自主预习

请课前认真阅读教材，查阅相关书籍，通过个人学习、小组讨论，运用信息查找等方法，完成以下任务。（每题 10 分，共 20 分）

1. 请简要说明轴套类零件的结构特点以及常用的表达方法。

2. 请简要说明什么是移出断面图。

活动二 任务实施，完成任务

根据任务要求，用 AutoCAD 完成蜗轮轴零件图的绘制。（10 分）

活动三 实战演练，提高绘图技能

用 AutoCAD 绘制零件图。（每题 15 分，共 60 分）

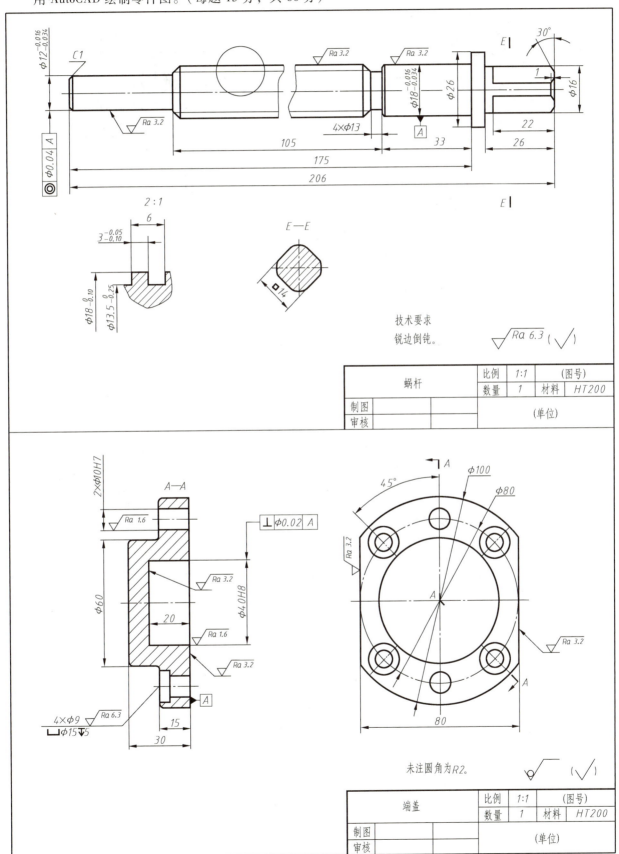

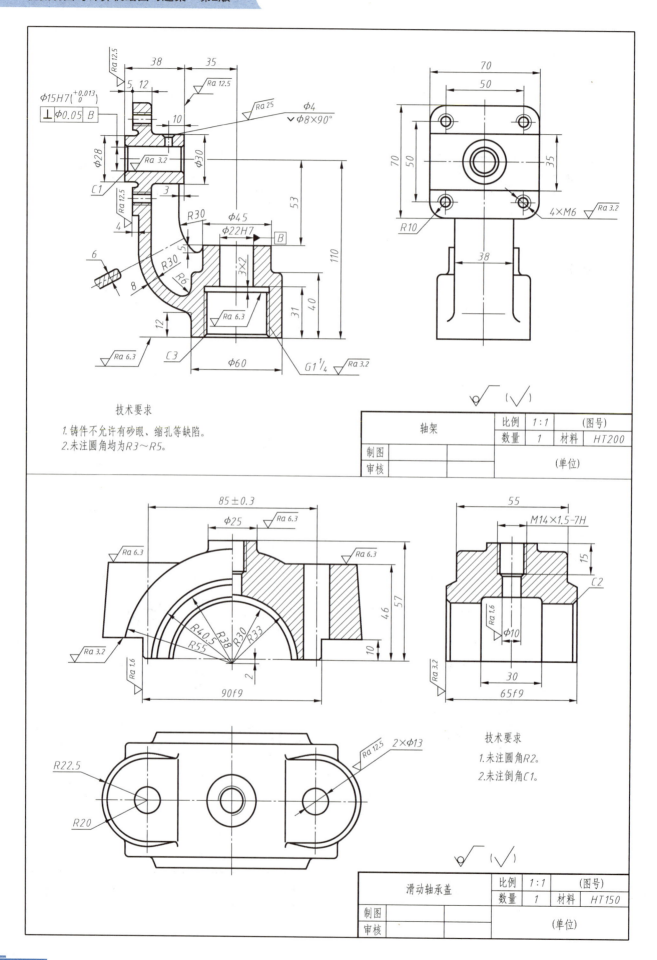

活动四　检查评价，进行自我总结

请你根据任务完成情况，进行自评、小组互评，取长补短，查找不足，完成任务总结。教师根据成绩，进行点评。

评 分 标 准

过程考核	项目名称	考核内容与要求		配分	得分		
					自评	小组互评	教师总评
课前学习（20分）	自主预习	完成任务，并回答正确		20			
课中学习（10分）	任务实施	正确设置图层颜色、线型、线宽		1			
		图形绘制完整、正确		6			
		尺寸标注、技术要求完整		2			
		边框、标题栏完整		1			
课后学习（60分）	实战演练	正确设置图层颜色、线型、线宽；图形绘制完整、正确；尺寸标注、技术要求完整；边框、标题栏完整	蜗杆	15			
			端盖	15			
			轴架	15			
			滑动轴承盖	15			
综合素质（10分）	考勤	按时上课，不迟到、不早退		4			
	自主学习	线下、线上自主学习，分析解决问题的能力		2			
	工匠精神	敬业、精益、专注、创新等方面的工匠精神		2			
	职业道德	认真负责、踏实敬业的工作态度和严谨求实、一丝不苟的工作作风		2			
		合计		100			
总分（自评占比20%，小组互评占比30%，教师评价占比50%）							

任务总结：

1. 掌握了哪些知识与技能：

2. 心得体会及经验教训：

3. 其他收获：

4. 任务未完成，未完成的原因：

教师点评：

项目六　用 AutoCAD 绘制装配图

任务　用 AutoCAD 绘制滑动轴承装配图

用 AutoCAD 绘制图 10-8 所示滑动轴承的装配图。

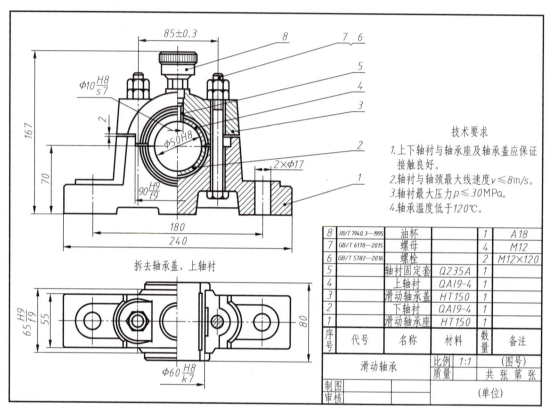

图 10-8　滑动轴承的装配图

活动一　接受任务，课前自主预习

请课前认真阅读教材，查阅相关书籍，通过个人学习、小组讨论，运用信息查找等方法，完成以下任务。（每题 10 分，共 20 分）

1. 请简要说明装配图的一些特殊画法。

_____

_____

_____

2. 请简要说明在 AutoCAD 中如何绘制装配图。

_____

_____

活动二　任务实施，完成任务

根据任务要求，用 AutoCAD 完成滑动轴承装配图的绘制。（30 分）

活动三 实战演练,提高绘图技能

参照图10-9所示装配示意图,根据零件图,按1:1比例绘制截止阀装配图,标注序号、规格尺寸和外形尺寸,填写标题栏与明细栏。(40分)

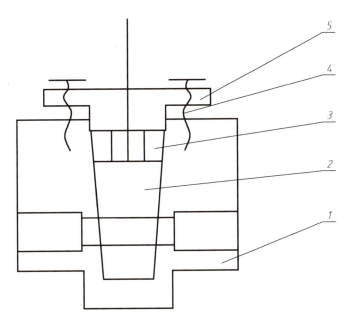

图10-9 截止阀装配示意图

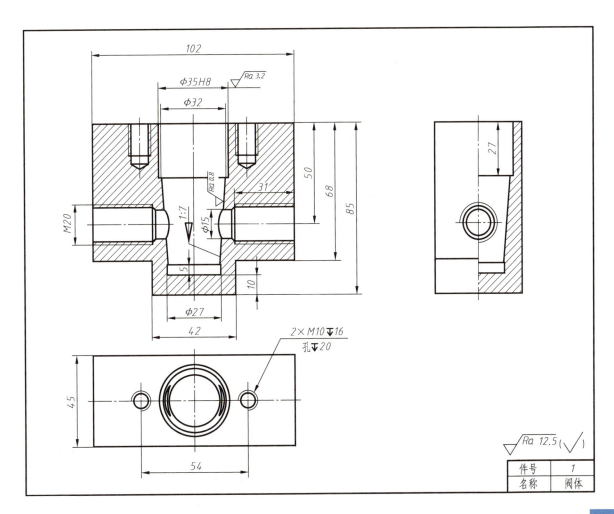

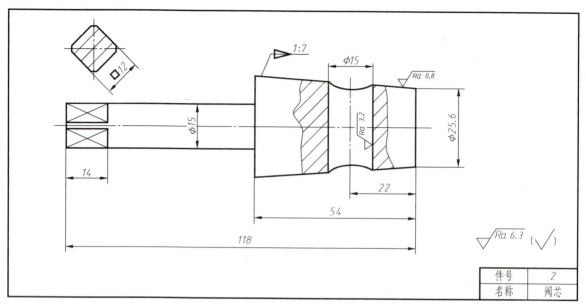

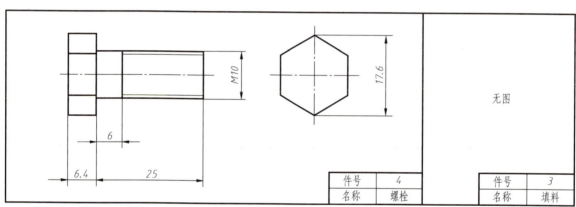

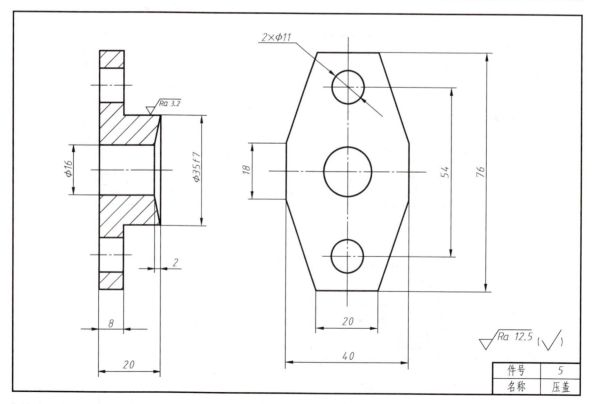

活动四 检查评价,进行自我总结

请你根据任务完成情况,进行自评、小组互评,取长补短,查找不足,完成任务总结。教师根据成绩,进行点评。

评 分 标 准

过程考核	项目名称	考核内容与要求	配分	得分		
				自评	小组互评	教师总评
课前学习 (20分)	自主预习	完成任务,并回答正确	20			
课中学习 (30分)	任务实施	正确设置图层颜色、线型、线宽	5			
		图形绘制完整、正确	15			
		尺寸标注、序号完整	5			
		边框、标题栏、明细栏完整	5			
课后学习 (40分)	实战演练	正确设置图层颜色、线型、线宽	5			
		图形绘制完整、正确	25			
		尺寸标注、序号完整	5			
		边框、标题栏、明细栏完整	5			
综合素质 (10分)	考勤	按时上课,不迟到、不早退	4			
	自主学习	线下、线上自主学习,分析解决问题的能力	2			
	工匠精神	敬业、精益、专注、创新等方面的工匠精神	2			
	职业道德	认真负责、踏实敬业的工作态度和严谨求实、一丝不苟的工作作风	2			
合计			100			
总分(自评占比20%,小组互评占比30%,教师评价占比50%)						

任务总结:

1. 掌握了哪些知识与技能:

2. 心得体会及经验教训:

3. 其他收获:

4. 任务未完成,未完成的原因:

教师点评: